大数据丛书

大数据大创新
阿里巴巴
云上数据中台之道

邓中华 / 著

电子工业出版社
Publishing House of Electronics Industry
北京·BEIJING

内容简介

阿里巴巴云上数据中台正服务着阿里生态中的数十个业务板块、百余家公司、千万级客户，在帮助决策层看清甚至决定业态走向的同时，在上万个业务场景中应用并催生创新。

本书基于作者在阿里巴巴的十年大数据亲身经历，精彩演绎云上数据中台之道。全书基于大数据探索的大趋势，讲述阿里巴巴云上数据中台顶层设计，再以实际案例详述阿里巴巴云上数据中台建设及其业务模式的形成过程，总结云上数据中台沉淀的独特价值，并开诚布公地分享阿里巴巴以赋能为本质的大数据战略。

作者希望通过一名老数据人发自肺腑的分享，帮助尽可能多的有志于大数据构建、应用与创新者，构建自己的云上数据中台，从而拥有既"准"且"快"的"全""统""通"的智能大数据体系，以驱动各类业务数据化与数据业务化创新！

图书在版编目（CIP）数据

大数据大创新：阿里巴巴云上数据中台之道 / 邓中华著 . —北京：电子工业出版社，2018.11
ISBN 978-7-121-34902-7

Ⅰ . ①大… Ⅱ . ①邓… Ⅲ . ①数据处理 – 研究 Ⅳ . ① TP274

中国版本图书馆 CIP 数据核字 (2018) 第 185839 号

策划编辑：张慧敏　王　静
责任编辑：王　静　石　倩
印　　刷：北京富诚彩色印刷有限公司
装　　订：北京富诚彩色印刷有限公司
出版发行：电子工业出版社
　　　　　北京市海淀区万寿路 173 信箱　邮编：100036
开　　本：787×980　　1/16　　印张：13.5　　字数：262 千字
版　　次：2018 年 11 月第 1 版
印　　次：2018 年 11 月第 1 次印刷
印　　数：5000 册　定价：99.00 元

凡所购买电子工业出版社图书有缺损问题，请向购买书店调换。若书店售缺，请与本社发行部联系，联系及邮购电话：（010）88254888，88258888。
质量投诉请发邮件至 zlts@phei.com.cn，盗版侵权举报请发邮件至 dbqq@phei.com.cn。
本书咨询联系方式：010-51260888-819，faq@phei.com.cn。

从大数据的概念被正式提出，到马云老师预言人类正从 IT 时代走向 DT 时代，大数据浪潮迭起。大数据同仁共同认知的一点是，大数据会对社会创新、产业变革、业务创新及每个人的角色定位产生近乎决定性的影响。

马云老师早在 2014 年就提出了业务数据化和数据业务化，阿里巴巴因此付诸行动，通过全局数据监控、数据化运营、数据植入业务场景的各个链路等推进业务数据化；通过统一商家端数据产品、计量信用分，以及风险预测与防控等，推进数据业务化。但与此同时，我们也清楚地知道，在实现这个愿景的道路上存在着很多挑战，其中，如何提升大数据能力则是关键。

在 2014 年以前的阿里巴巴，我们的计算资源分散各处，我们的数据指标经常相互冲突，我们的数据应用大多从数据源头向上耗费大量资源进行垂直开发。这种状况无法可持续地推进业务数据化与数据业务化。于是，阿里巴巴数据人协同起来，从业务视角而非纯技术视角出发，建设既"准"且"快"的"全""统""通"的智能大数据体系。其间，在极致追求技术提升的同时，我们自成 OneData、OneEntity、OneService 三大体系，开发了致力于智能数据构建与管理的 Dataphin、高效数据分析与展现的 Quick BI 等产品，培育了一大批独具阿里特色的大数据人才，云上数据中台也就水到渠成了。

今天的阿里巴巴，几乎所有的业务都运行在大数据之上，几乎所有的小二都在用大数据改善工作甚至创新。云上数据中台正服务着阿里生态中的数十个业务板块、百余家公司、千万级客户，在上万个业务场景中应用并催生创新。而每一年的双十一都在上演着数据奇迹。以 2016 年的双十一为例，当天实时计算处理的数据量达到 9400 万条 / 秒，面向业务系统提供应用服务的单日数据调用约百亿次，而全链路完成数据采集、整合构建、服务展现仅需 2.5 秒，这些惊人的数字背后是因为有强大的云上数据中台大数据能力在支撑。

如今，中国正处于数字化转型阶段，政府的各个部门及各行各业越来越相信大数据的力量。我们认为，这套在阿里生态内检验过的云上数据中台大数据能力及其推进业务数据化、数据业务化的云上数据中台业务模式，可以在阿里生态之外推而广之，赋能全社会！2016年9月，我们不再将云上数据中台深藏于阿里生态内，开始以亲身经历的各种积淀对社会各界有志于大数据战略者伸出"合作之手"，帮助诸如零售、旅游、环保、地产、传媒、运营商、文教、政府部门等领域的客户构建自己的大数据能力，并在数字化转型之路上逐步走向成功！

一群有情有义、有梦想、有担当又有极强战斗力的人共同缔造了今天的阿里巴巴。但如何驱动大数据让世界更加美好呢？我们希望携手同道者，开拓，进而提升大数据能力，共同在大数据实践之路上走向成功！大数据能力本应无边界，越多地参与，才越有可能真正实现无边界。

永不停歇地奋斗，正因乐在于志！我们坚信，一切美好，都会因此而开始得刚刚好！

胡晓明（花名孙权）

阿里巴巴合伙人，阿里云总裁

正说阿里巴巴云上数据中台及云上数据中台业务模式

今天的阿里巴巴，几乎所有业务都运行在大数据之上，几乎所有小二都在用大数据改善工作、进行创新。阿里巴巴云上数据中台正服务着阿里生态中的数十个业务板块、百余家公司、千万级客户，在帮助决策层看清甚至决定业态走向的同时，在上万个业务场景中推进业务数据化，尝试实现数据业务化并催生创新。而这背后则是因为有强大的云上数据中台大数据能力的支撑。

阿里巴巴的大数据观

在阿里巴巴，我们有自己的大数据观。我们坚信，"大数据拥有超能力"，大数据所具备的数据计算能力、智能数据能力和数据智能能力，就像人的经络、血液和大脑，缺一不可！围绕着"统一数据建设与数据资产化管理能力""统一实体连接识别与标签画像高效生产能力""统一数据服务能力"（在书中分别代称为"OneData""OneEntity"和"OneService"[1]）三大体系，阿里巴巴实践着云上数据中台，进行着一系列自我命题与自我解题。

阿里巴巴云上数据中台建设之路

从 2012 年开始，阿里巴巴云上数据中台建设经历了不断革新理念和实战、不断量变和质变的过程。其中，2014 年 4 月至 2015 年 11 月的阿里巴巴数据公共层建设和 2016 年 9 月正式开始实施的阿里巴巴大数据能力赋能社会战略，是阿里巴巴在大数据领域的两次关键质变。第一次质变确定了阿里巴巴云上数据中台及数据中台团队，第二次质变确定了阿里巴巴云上数据中台业务模式的社会赋能战略。

2014 年，适逢阿里巴巴数据登月元年，首批登月预算数亿元且很快面临耗尽的局面，这引起了时任阿里巴巴 CTO 姜鹏（花名三丰）的特别关注，OneData 体系特别是其方法论也因此进入高层管理者的视线。

[1] OneData、OneEntity 和 OneService 代表着阿里巴巴大数据能力的三大体系，包括方法论、原则、规范、数据产品、数据技术、数据与业务融合的能力等。所以书中提到 OneData、OneEntity 和 OneService 体系时，指的是包括方法论、数据产品、数据技术等综合能力；提到 OneData、OneEntity 和 OneService 体系方法论、规范、数据产品等时，则是指三大体系中具体对应的方法论、规范、数据产品等。

经过一段时间的方案细化和多轮评审及沟通，2014 年 4 月 8 日，阿里巴巴数据公共层建设项目正式启动。在保障平稳支持日常业务的前提下，一期启动全局架构，二期启动 18 个子项目，三期启动 9 个子项目，并启动 6 大数据技术领域。一年后，阿里巴巴数据公共层建设项目即取得了阶段性战果，除深度参与的淘系、B2B 等 BU 外，涉及或影响小微金服 [1]、阿里云等 10 多个 BU [2]。其数据服务 20 多个 BU，主打小二端统一的数据产品平台——阿里数据，统一商家端数据产品平台为生意参谋，并推出数据大屏助力双十一；同时深入业务，协助业务创新及探索数据自主创新。与此同时，以阿里巴巴数据公共层建设为切入点繁荣发展起来的数据构建、管理和服务自成体系，其特别之处在于 OneData 体系的升级、OneEntity 体系方法论的提出、OneService 体系数据产品的升级。这些不仅在技术上降低成本、提高效率，在业务上验证着数据价值化的可能性，也同时促进了组织优化。此时，阿里巴巴数据中台已经在事实上存在了。

2015 年 12 月 7 日，张勇（花名逍遥子）在给阿里巴巴全体小二的邮件《阿里巴巴集团全面组织升级，启动中台战略》中正式宣布："构建符合 DT 时代的更创新、更灵活的'大中台小前台'组织机制和业务机制。"自此，数据中台成为阿里巴巴中台事业群的重要组成部分，阿里巴巴数据中台团队正式成立！

在此过程中，阿里巴巴独特的大数据观越来越清晰明确，也累积了独特价值，包括云上数据中台大数据技术、云上数据中台建设方法论、云上数据中台产品化服务、云上数据中台业务体感、OneTeam 协同作战思维、特色大数据人六大方面。

阿里巴巴云上数据中台业务模式赋能全社会

在阿里巴巴，有一句众所周知的话："今天最好的表现是明天最低的要求！"数据中台团队的正式成立预示着其将要面临更高的要求和更多的挑战。与此同时，阿里生态内越来越多的全资或投资子公司提出了数据诉求，其中既有同时输入数据和消费数据的，也有只消费数据的，还有只输入数据的。于是，从 2015 年 12 月开始，整个阿里巴巴数据中台团队开始面向阿里生态内建设智能大数据体系！智能大数据体系的建设极大地丰富和完善了阿里巴巴大数据中心，OneData、OneEntity、OneService 渐趋成熟并成为上至 CEO、下至一线员工共识的三大体系，云上数据中台深入业务、赋能业务，也让数据价值及赋能业务的潜在价值越来越被认可和期待。

[1] 今天的蚂蚁金服在 2014 年时称为小微金服。

[2] BU，Business Unit，中文意思为业务单元。在阿里巴巴，通常会把相关或相近的业务或技术团队组合为一个业务单元，以便组织管理、业务推进与协同等。

同时，我也深深地反省将其放大到阿里生态内时的不足之处，以及在阿里生态之外，这套大数据能力是否可以推而广之，赋能全社会呢？

于是，2016年9月，为了使命，为了达成愿景，我们不再将云上数据中台深藏于阿里生态内，开始将阿里巴巴大数据能力同时赋能阿里生态内外！

历经了阿里生态内各种业态挑剔的实战历练，云上数据中台除自身具备的内核能力外，还向上与"赋能业务前台"连接、向下与"统一计算后台"连接，并与之融为一体，形成云上数据中台业务模式，具备了对全社会赋能的可能。关于云上数据中台与云上数据中台业务模式的关系，如图0-1所示。

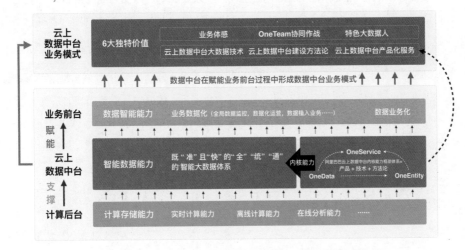

图 0-1 阿里巴巴云上数据中台与云上数据中台业务模式的关系

云上数据中台定位于计算后台和业务前台之间，其内核能力是以业务视角而非纯技术视角，智能化构建数据、管理数据资产并提供数据调用、数据监控、数据分析与数据展现等多种服务；承技术启业务，是建设智能数据和催生数据智能的引擎。而指导云上数据中台内核能力不断积累和沉淀的正是OneData、OneEntity、OneService三大体系的方法论。

以云上数据中台自身内核能力为中坚力量的云上数据中台业务模式，同时关注着与大数据能力相关的技术、数据、业务等，其基于技术而又深入业务，是包括数据产品＋数据技术＋方法论＋场景价值实现等在内的综合性能力输出。它为智能化数据、极致提升技术和数据智能化业务负责，即一方面专注于从业务视角建设既"准"且"快"的"全""统""通"

的智能大数据体系，并且极致化追求技术上的成本降低及效率提高；另一方面致力于智能大数据与业务场景深度融合中的各类应用与智能化价值创新。

我们的追求与努力

为何而来？将往何处？这是我们一直思考的问题！

云上数据中台业务模式是活性的，是有血有肉、有情感的，其信念是"大数据拥有超能力"，其使命是"让大数据催生大创新"，其愿景是实现"大数据创新无处不在，大数据人才无处不在"。所以，未来，我们将全力以赴地分享云上数据中台业务模式，不遗余力地将云上数据中台业务模式中的方法论、数据产品、数据技术、数据与业务融合的价值化经验等付诸帮助国内、国际的云上客户的实战中！希望可以有越来越多的志同道合者一起"华山论剑"！

从 2016 年 9 月开始，我们结合一些客户的实际诉求，分享了不少大数据领域相关经验，而本书则是应多方期望，对于阿里巴巴云上数据中台及云上数据中台业务模式的系统、全面、深入的分享。后续，我们计划推出《阿里巴巴云上数据中台的赋能实战》《大数据产品经理》《大数据大设计》《深入大数据产品与技术》《大数据大管理》等一系列大数据相关图书。对于分享，我们是认真的！

邓中华（花名宗华）

阿里巴巴大数据人，资深产品专家

特别说明，特别感谢

本书所有内容均基于笔者十年来在阿里巴巴大数据领域实战中的亲身经历，所有图片均来自于笔者的 100 余份 PPT 和数本手稿，以及笔者所在阿里巴巴数据中台团队的战友积累的 20 余份 PPT。所以，这本书代表着真正意义上的云上数据中台实战。十年寒来暑往，十年风刀霜剑，相信读者可以从中或多或少感受到阿里巴巴大数据人用初心和信仰、求变与务实、不懈与努力铸就的云上数据中台及其业务模式！

特别感谢相信我、支持我、陪伴我一起战斗的阿里巴巴数据公共层建设若干期项目中的数百名伙伴、生意参谋平台中的 80 名队友、新能源实验室与新行业赋能团队的 120 名热血同仁！书中图片中引用的部分图标来自 iconfont 平台，在此一并感谢！因人数众多，在此不一一列出姓名。

谨以此书，献给这么多年来不离不弃陪我奔跑在大数据之路上的梦想战友！献给一直包容我、疼惜我并且支持我投身大数据事业的家人！献给在本书写作过程中无欲无求给予我帮助的好友！

生命因为有你们而美好，征程因为有你们而无悔，因为相信，所以坚持，终于看见！

目录

第 1 章　笔者自述　001

一千个人眼中有一千个哈姆雷特。对于阿里巴巴，大家给出的评价有"年轻又独特""神秘又很土""天马行空又脚踏实地""强大又懂得分享""源于电商又超越电商""中国的、国际的""了不起且有社会责任感""小人物成就大梦想""大数据驱动的互联网创新公司""务实且重价值观"……而在我眼中，感触最深的却是"情义""梦想""担当"。

第 2 章　阿里巴巴云上数据中台之顶层设计　007

如今的阿里巴巴，几乎所有的业务都运行在大数据之上，几乎所有的小二都在用大数据改善工作甚至促进创新。云上数据中台正服务着阿里生态中的数十个业务板块、百余家公司、千万级客户，在帮助决策层看清甚至决定业态走向的同时，正在上万个业务场景中被应用并催生创新。

第 3 章　阿里巴巴云上数据中台之建设过程　035

阿里巴巴云上数据中台的发展主要经历了四个阶段：阶段一，2012.2—2014.3，初探期；阶段二，2014.4—2015.11，质变期；阶段三，2015.12—2016.6，升华期；阶段四，2016.7 至今，新一轮质变期。

第 4 章 阿里巴巴云上数据中台业务模式之独特价值 141

阿里巴巴经过较长时间的大数据探索、量变积累，进而达成质变，形成云上数据中台，并在云上数据中台服务阿里生态业务过程中形成云上数据中台业务模式。

为何阿里巴巴云上数据中台能够支撑整个阿里生态的业务发展？为何阿里巴巴云上数据中台能够从思想意识到决策行为上引起从"数据可有可无"到"无数据不智能"的改变？这些都与云上数据中台业务模式的独特价值密不可分！

第 5 章 走向大数据成功之路 161

阿里巴巴在智能大数据体系建设与数据智能化各类应用与创新中开拓了一条成功之路。我们不愿独享这些经历，正在向社会各行业中有志于大数据战略者伸出"合作之手"。我们希望携手越来越多的各行业中有志于大数据战略者，开拓、提升大数据能力，共同在大数据探索之路上走向成功！大数据所具有的能力本应无边界，越多地参与，才越有可能真正实现无边界。

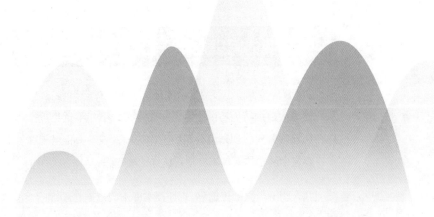

第 1 章

笔者自述

　　我自南京大学毕业后，在懵懂无知中加入阿里巴巴，在不知"大数据之所谓"中，误闯入大数据这片汪洋大海，却在历经无数风浪后深深爱上了这片海洋，并且遨游不休。

　　从 RA 与 ETL[1] 到 PD 与 PM，再到 TL，从初期连接业务与技术的需求分析工作开始，到从个性化推荐项目开始产品之路，规划并落地生意参谋，再到设计出 OneData、OneEntity、OneService 体系并推进阿里巴巴数据公共层建设，进而探索 DT 上云和云上 DT[2] 赋能阿里生态内外的云上数据中台业务模式；其间，从 B2B 走进淘系，从阿里生态内联动阿里生态外，我一直致力于大数据技术及产品领域的平台化及商业化。

　　我不否认其间有过悲观、不满，但每每回想初心，总会坚信一切都是最好的安排；我不否认其间有过想要放弃，但"战友"们的有情有义、有梦想、有担当，给了我坚持下去的力量。

[1] ETL 即 Extract-Transform-Load，用来描述将数据从来源端经过抽取（extract）、转换（transform）、加载（load）至目的端的过程。ETL 一词比较常用在数据仓库，但又不限于数据仓库。ETL 是构建数据仓库的重要一环，用户从数据源抽取出所需数据，将数据进行清洗转换后，按照预先定义好的数据仓库模型加载到数据仓库中。

[2] 2016 年 12 月，经过几个月的讨论，我所在的数据中台团队调整了业务方向，一方面继续服务阿里生态内，另一方面将服务阿里生态内的大数据能力上云，进而在云上用大数据能力赋能阿里生态外社会各界，简称 DT 上云和云上 DT；相应地，我们的组织架构也进行了调整，直接成立新能源实验室，负责 DT 上云和云上 DT 的赋能之路的探索。

1.1 我的阿里九年：相信一切都是最好的安排

2009 年 4 月，还有两个月才正式毕业的我，怀着梦想与忐忑的心情，加入了阿里巴巴，从此便与大数据结下不解之缘。一路走来，不知不觉已近十年！而事实上，在阿里巴巴这样一家互联网科技创新型公司中工作一年，差不多相当于在一般公司中工作五年，相信很多了解这个圈子的人都不会觉得这样比喻夸张。

我入职于当时阿里巴巴 B2B 技术部下的数据仓库部门，没过多久就成为阿里巴巴"百阿 99 期"的学员。也是在那时，我第一次对大数据产生了懵懂的认知，这源于一次简单的自我介绍。当我介绍自己来自数据仓库部门时，同学们似乎都不知道这个部门是做什么的。突然有一位通过社会招聘进来的同学说："我知道，数据仓库就是给老板和业务人员做报表的！"也许他是无意的，但当时的我感觉到的是满满的不屑，却无力反驳，瞬间涨红了脸，心想：不该是这样的，不该只是这样的！

今天回头再看，我们可以说，从大数据的概念被正式提出，到马云老师预言人类正从 IT 时代走向 DT 时代，再到后续的各种日新月异的变化，大数据时代终于扑面而来了！

身处其中而不忘初心、矢志不渝的人，必然经历过刻骨铭心的变化，在体力、脑力和心力上经受过各种锻炼。于我而言，在阿里巴巴这么多年一直坚持在大数据领域中探索，每当想要放弃或有一丝松懈时，脑海中总会浮现当时的情景，耳边总会响起当时的心声，或者这正是我在大数据的道路上一路狂奔的原动力吧！

从 2009 年到 2011 年 6 月，当时的数据仓库部门里有一个岗位叫 RA（即需求分析师）。这个岗位是业务人员与数据技术人员之间的桥梁，负责将业务线上的产品经理或运营人员提出的报表等各类需求，转化为数据研发人员能理解的需求文档。然后，数据研发人员基于此需求文档完成 ETL 开发并生成数据，需求分析师将数据通过报表或者其他方式反馈给产品经理或运营人员。这个岗位从侧面反映了当时数据不是业务部门所熟悉的和必需的现状，以及数据仓库团队努力往前服务业务人员的态度。

当时，我通过担任 RA，既了解了业务，又学习了数据技术。2009 年 11 月，我以当时还无足轻重的个性化推荐项目"一见钟情"为切入点，开始走上数据产品经理之路。2011 年 6 月公司取消了 RA 岗位，我顺利地转型为数据产品经理，并将打造个性化推荐产品作为阶段性目标。到 2012 年年初，我们协同一众团队成员，将个性化推荐产品打造成为当时在 B2B 领域备受瞩目的大数据应用场景，并沉淀出个性化推荐引擎 iRecom。

在这个过程中，我如饥似渴地自修了数据产品能力、平台化思想和项目管理能力，同时也主动地向身边的小伙伴虚心求教各种业务知识和算法，以及 ETL、测试、Java、前端等相关技术。那段日子里的我，真像是一个饥饿的人扑在面包上。

2012 年 2 月，我接到一个新的任务——梳理支持 B2B 业务的 370 多个 API 并设法将其统一。这是我第一次从一个相对成功的产品中走出来，试着从零开始自我命题与自我解题，没想到从此走上了建设阿里巴巴云上数据中台之路，这是后话了。当时的我来不及多想就开始剖析每一个 API 及研究 API 调用的每一条数据，我发现，如果 API 背后的数据没有实现标准化和规范化，那么盲目地统一 API 只能治标，而不能治本，业务人员用数据难、技术响应业务慢等问题无法被根本解决。于是，我与我的主管商量，先从数据的标准化和规范化着手，进而解决 API 统一的问题。同时，我也收获了未来很多年一路相伴的第一个"梦想战友"。于是，我们便激情满满地投入战斗。

2012 年 6 月，OneData 体系方法论首次被提出。不久之后，OneService 体系的前身——OpenAPI 被提出。我们在 B2B 领域的数据应用中尝试建设 1688 数据公共层，并向上连接 OpenAPI 提供服务，这样既实现了数据的标准化和规范化，又实现了统一服务，同时深入业务服务而不仅仅是支持业务。我们首次推出傻瓜数据平台用于服务小二，首次推出生意参谋用于服务 1688 商家。

2013 年 4 月，B2B 领域的 3 个数据团队与淘系数据团队融合。也许是前一场小胜的激励，也许是初生牛犊不怕虎，团队融合后，我们快速推出了生意参谋的淘宝版和天猫版，并以此反推，以 OneData 体系方法论建设淘宝和天猫商家数据公共层。虽然在意料之中，但还是让我们感到惊喜的是——OneData 体系方法论竟具有快速扩展的能力。在这个过程中，我收获了未来很多年一路相伴的第二个和第三个"梦想战友"。

2014 年是阿里巴巴数据登月元年，首批登月预算达数亿元但很快被消耗完了，这引起了时任阿里巴巴 CTO 姜鹏（花名三丰）的高度关注，OneData 体系特别是其方法论也因此进入阿里巴巴高层管理者的视线。

经过一段时间的方案细化和多轮评审沟通，2014 年 4 月 8 日，阿里巴巴数据公共层建设项目正式启动。在保障平稳支持日常业务的前提下，一期启动全局架构，二期启动 18 个子项目，三期启动 9 个子项目，并启动 6 大数据技术领域[1]。一年后，阿里巴巴数据公

[1] 阿里巴巴数据技术领域是云上数据中台建设过程中对关键技术进行攻关而形成的虚拟研究领域，其中包括六大技术领域。为聚焦和使命必达，一段时间内并存的领域不会超过六个，因此，有一些领域持续投入至今还在不断研究探索中，有一些会开拓发展为多个技术领域，也有一些会在被攻克之后退出，以让位新的技术领域加入。

共层建设项目即取得了阶段性成果：除深度参与的淘系、B2B 等 BU 外，涉及或影响到小微金服、阿里云等 10 多个 BU；数据服务 20 多个 BU，主打小二端统一的数据产品平台——阿里数据，统一商家端数据产品平台为生意参谋，并推出数据大屏助力双十一；同时深入业务，在协助业务创新的同时，探索数据自主创新。与此同时，以阿里巴巴数据公共层建设为切入点繁荣发展起来的数据构建、管理和服务自成体系，特别是 OneData 体系的升级、OneEntity 体系方法论的提出和 OneService 体系数据产品的升级。这些不仅在技术上降低成本、提高效率，在业务上验证着数据价值化的可能性，也同时促进了组织优化。此时，阿里巴巴数据中台已经在事实上存在了。

2015 年 12 月 7 日，张勇（花名逍遥子）在给阿里巴巴全体小二的邮件《阿里巴巴集团全面组织升级，启动中台战略》中正式宣布："构建符合 DT 时代的更创新、更灵活的'大中台小前台'组织机制和业务机制。"自此，云上数据中台成为阿里巴巴中台事业群的重要工作之一，阿里巴巴数据中台团队正式成立！

在阿里巴巴，有一句众所周知的话："今天最好的表现是明天最低的要求！"数据中台的正式成立预示着其将要面临更高的要求和更多的挑战。与此同时，阿里生态内越来越多的全资或投资子公司提出了数据诉求，其中既输入数据和消费数据的，也有只消费数据的，还有只输入数据的。于是，从 2015 年 12 月开始，整个阿里巴巴数据中台团队开始面向阿里生态内建设智能大数据体系！

智能大数据体系的建设极大地丰富和完善了阿里巴巴大数据中心，OneData、OneEntity、OneService 渐趋成熟并成为上至 CEO、下至一线员工共识的三大体系。同时，我深刻地反省将这套方法论放大到阿里生态内建设时所存在的不足之处，以及在阿里生态之外，这套大数据能力是否可以推而广之，赋能全社会呢？

2016 年 8 月，还没休完产假的我，已经迫不及待地开始思考自我革命和开疆拓土。这是我第二次逼着自己从一个相对成功的过往中走出来，在继承与批判中，在未知的世界里，开始自我命题并自我解题。其间，我无数次无助到想要放弃，在无数次自我拷问初心后坚持下来。时至今日，我依然感觉道路艰辛且漫长，却坚信一定可以见到晨光！

值得骄傲的是，我的"梦想战友"一直都在我的身边，从未放弃过，并且还有越来越多的大数据人加入"梦想战队"。所以，这一次，我一如既往地相信一切都是最好的安排，在这条道路上我们一定可以一起走到天亮！

1.2　我眼中的阿里：有情有义，有梦想，有担当

一千个人眼中有一千个哈姆雷特。对于阿里巴巴，大家给出的评价有"年轻又独特""神秘又很土""天马行空又脚踏实地""强大又懂得分享""源于电商又超越电商""中国的、国际的""了不起且有社会责任感""小人物成就大梦想""大数据驱动的互联网创新公司""务实且重价值观"……而让我感触最深的却是"情义""梦想"和"担当"。

当我还在校园里的时候，看过不少电视剧里描述的职场都是冷冰冰的，充满了尔虞我诈，听过师兄和师姐对于工作的各种理解，也体验过一些仅仅为了赚取学费和生活费的兼职。这些让我对职场少了美好的憧憬，而坚定了要努力工作，多赚钱，以改善家人生活的决心。

我加入阿里巴巴也是因为一次很偶然的机会。当时已是研究生二年级上半学年，距离毕业还有一年多的时间，早早修完学分并且成功发表几篇论文的我，具备了提前毕业的资格。于是，我尝试着参加了阿里巴巴的 2008 年校园招聘，笔试通过后当天进行了面试，几个小时后就通知我：我被录取了！当时我真是既惊又喜，惊的是，对于面试官问的专业问题，我的回答虽然看似逻辑通顺，实际却并非正确答案；喜的是，居然有如此丰厚的薪资，尤其是对一直在为改善家人生活而努力读书的我来说，以致我的父母甚至怀疑我遇到骗子了。后来，我时常在面试他人时自问：如果是今天的我面试当年的我会怎样呢？可能在硬性的专业素质上就把自己筛掉了，也可能会因为自己的求索、自信、坚韧，即使生活艰难也不忘理想而为自己加分。

感恩阿里巴巴于我之伯乐情义。在往后的岁月里（从早期在"B2B 个性化推荐项目"中借事修人，到 2012 年开始初探"数据标准化、规范化与统一服务"，2014 年推进阿里巴巴数据公共层建设项目和生意参谋赋能商家促成的数据价值化质变，再到 2017 年探索"以云上数据中台业务模式赋能全社会"的新一轮质变），虽然在大数据领域里荆棘加身，挫折不断，我却一次又一次深刻体会了何谓"一群有情有义的人，一起做一件伟大的事情，不计私欲与得失地勇于承担"。

"我"为什么而来？"我"会留下什么？这些是我们这个"梦想战队"在迷惘时常常自我拷问的。

2016 年 8 月 31 日，休完产假一回来，我离开了多年打下的舒适区，开始筹谋"以云上数据中台业务模式赋能全社会"的大计划。姑且不论市场在哪里、行业知识怎么补、

客户在哪里、客户长什么样、客户需要什么？客户历史积淀和现实诉求怎么平衡？阿里巴巴成功的产品和技术有多大可能性和多少比例可以对社会输出？内外错综复杂的关系如何把握？单就在产品规划上的异想天开、在技术实现上的强人所难、在商业化输出上的强时间所难，以及我的"在既定时间必拿结果"的高要求，今天自己回想起来，都会觉得当初太过大胆。

但是，我的"梦想战友"们给了我无尽的信任，并且无要求地与我相随并抱团作战，"中华一定会带我们做出优秀的产品""中华一定会带我们飞的""你想好商业模式就好，产品及技术上的问题我们能搞定""我们喜欢一起打仗的感觉""加班没关系，3.25 无所谓，关键是干得有劲儿""一起做一件伟大的事儿，值！"……

我们为大数据梦想而来，我们会在大数据领域中留下一个个深深的脚印，具体到每一份最形神兼备的 PPT、最具创新的产品功能设计、最保真的原型图、最清晰易懂的产品文档、具有最佳体验的交互设计稿、最佳的可视化视觉设计稿、最具扩展性的架构设计、最优雅的代码……

夜深人静时，我们也觉得亏欠家人太多，团队里的妈妈们在聊到孩子时，总会潸然泪下。但我们所拼的都是为了让包括自己在内的更多的人生活得更好，也是给孩子们一个近在眼前的有益榜样，我们在努力诠释"快乐工作，认真生活"。这是一群了不起的阿里巴巴大数据人！

感恩阿里！感谢有你！

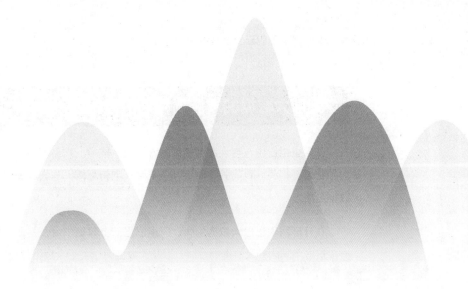

第2章

阿里巴巴云上数据中台之顶层设计

如今的阿里巴巴，几乎所有业务都运行在大数据之上，几乎所有小二都在用大数据改善工作甚至进行创新。云上数据中台正服务着阿里生态中的数十个业务板块、百余家公司、千万级客户，在帮助决策层看清（甚至决定）业态走向的同时，正在上万个业务场景中被应用并催生创新。每一年的双十一都在集中爆发式地上演着数据奇迹，而奇迹背后则是有强大的云上数据中台的大数据能力在支撑。

云上数据中台及云上数据中台业务模式的形成不是一蹴而就的，它是在全球大数据发展的大背景下，在2012年已初具雏形且在此后不断升级的"倒三角形"顶层设计指导之下，经过阿里巴巴大数据人艰苦卓绝的努力，终于水到渠成的。

2.1 大数据的发展历程与价值探索

在阿里巴巴中，与大数据相关的方法论、技术、产品等的发展，与全球大数据发展的大趋势紧密相关。我们关注时事，乐于融入创新思潮，与大数据同仁共同走在不懈探索大数据之路上。

在分享阿里巴巴大数据主张、阿里巴巴云上数据中台及其业务模式之前，下面先介绍一下这些年国内外大数据的发展，以及大数据同仁关于大数据价值的研究与探索。

2.1.1 国内外大数据发展研究

20 世纪 70 年代的大数据还只是思想萌芽，而如今大数据研究与实战已经百家争鸣。现如今大数据无疑是一个令人神往的领域。以下将大数据的发展历史简略整理成一部"编年史"，虽然从大数据的发展长河来看，这部史书才刚刚开始。

1. 大数据发展"编年史"

从 21 世纪大门打开的那一刻开始，计算机技术与网络技术发展的脚步就从未停止过。不到 20 年，"互联网时代（Internet）""IT 时代（Information Technology）""DT 时代（Data Technology）"这些时代的代名词不断更替，代表着时代变革的主要驱动力的变化——网络、信息、数据。

互联网的发展让各类信息门户网站、社交网站、电子商务网站等如雨后春笋般兴起；无线终端的普及让网络信息传播的广度与速度大大增加；物联网技术的酝酿与探索正在让丰富多彩的信息进入千家万户，并渗入每个人的生活中。与此同时，每个人也都在网络上创造出属于自己的精彩，留下无数痕迹。而这些"丰富""精彩""痕迹"的背后是急速上升的数据处理量，并且正在变成与每个人都有关系、每家公司都越发重视的大数据——一股势不可挡的、丰富而多元的数据洪流。

大数据的主旋律在这样的背景下应运奏响，并在大众、学界、商界等的推动下逐渐发展成熟。我按照时间将国内外大数据发展的关键事件整理了一下，如图 2-1 所示。

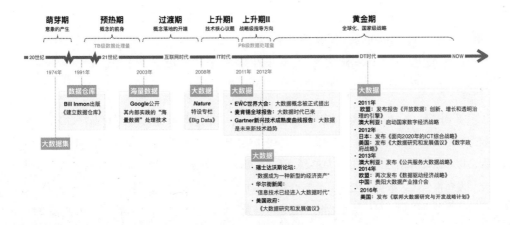

图 2-1　国内外大数据发展编年史

　　有迹可循的大数据思想萌芽，可追溯至 1974 年，当时便有学者撰写论文，研究如何用程序处理"大数据集"[1]。虽然，在早期的论文中没有直接提出"大数据"这个概念，但是已有简单、形似的意识与意象出现，相关深入的研究也陆续兴起。这些可称为大数据发展的种子。

[1] Havard Wainer 设计应用于大数据集的 3- 范式因子分析的 Fortran 程序。

　　1991 年，Bill Inmon 出版了《建立数据仓库》一书，其中首次提出了被广泛接受的"数据仓库"的定义——面向主题的（Subject Oriented）、集成的（Integrated）、相对稳定的（Non-Volatile）、反映历史变化的（Time Variant）数据集合，以支持管理决策（Decision Making Support）。随后，Inmon 和 Kimball 两大理论流派不断发展，推动了数据架构设计从数据库阶段走向新的数据仓库阶段，并促进了商业智能的发展。这是在 20 世纪数据处理量达到 TB 级的情况下，数据处理、数据应用于业务的理论与实践的一次重大升级，而学界的广泛认同、商界的快速产品化，也证明了此次升级的历史意义与价值。数据仓库从某种程度上像大数据的前身。作为大数据领域发展前期的核心主题，数据仓库的孵化及落地为大数据从书中的概念走向市场，进行了提前摸索并证明了可行性。

　　2003 年，Google 公开了一系列其内部实践的"海量数据"处理技术——基于冗余存储机制的分布式文件系统 GFS、用于搜索索引计算的并行处理框架 MapReduce、高效数据存储模型 BigTable 等。这些促成了分布式系统基础架构——Hadoop。在互联网用户数呈指数级增长的背景下，各家互联网公司又在 Hadoop 的基础上，进一步完善了相关数据处理技术——Pig、Sqoop、Hive、ZooKeeper、Cassandra 等不断涌现，丰富了

Hadoop 生态。而更多大数据及相关开源项目也陆续构建起来（Apache Drill、Apache Giraph 等），Google 开放和分享的"海量数据"处理技术，为大数据领域的发展开辟了好的开端，奠定了坚实的基础，它加速了真正的"大数据"（Big Data）概念及理论的兴起，标志着其相关理论的研究已开始走向实证与商业应用。

2008 年，*Nature* 杂志设立专栏，从互联网、数据管理及生物信息处理等视角探讨大数据带来的机遇与挑战 [1]，彼时业界常见的概念仍为"海量数据"。2011 年，EMC 世界大会以"云计算相遇大数据"为主题，正式提出"大数据"的概念。同年，麦肯锡全球研究院发布报告《大数据：创新、竞争和生产力的下一个新领域》，通过研究 5 个核心领域及探讨数据处理价值，证明大数据时代已来。与此同时，Gartner 在其新兴技术成熟度曲线报告中首次列入"大数据"，并将其归为未来具有高影响力的技术趋势之一……这一系列文章及报告的发布，推动着"大数据"这 3 个字的广泛传播。2011 年，"大数据"的概念开始得到业界的普遍认可，并成为各界关注及研究的热门议题。

2011 年以后，大数据的发展仿佛进入一条高速通道，将历史的车轮推进了 DT 时代。2012 年初，"大数据"成为瑞士达沃斯论坛讨论的主题之一，论坛成果《大数据，大影响》报告宣告了"数据已成为一种新型的经济资产，就像货币或黄金一样" [2]。同年 2 月，《华尔街日报》在其新闻文章《大数据智能制造和无线将促进美经济复苏》中提出"信息技术已经进入大数据时代"，并将"大数据"列入改变 21 世纪的三大变革之一。同年 3 月 29 日，美国政府发布《大数据研究和发展倡议》，从国家层面对大数据研究给予支持，也表明了美国政府对于大数据的重视……种种迹象都体现出大数据已进入发展的黄金时期，它不仅仅成为学界研究、商界实践的方法与技术体系，也成为国家及社会发展的战略级指导方向。同样是在 2012 年，全球数据处理量正式从 TB 级上升至 PB 级，开源的 Hadoop 生态正式开始商业化。

2. 全球数据量飞速增长

全球数据量从 TB 级跃升至 PB 级用了 20 年，从 PB 级跃升至 ZB 级（人均 TB 级）用了不到 10 年……而根据 IDC 等权威机构的研究测算，全球数据量仍在以每年 40% 左右的速度持续增长。以这样的速度计算，到 2020 年，全球数据量将会达到 40ZB（见图 2-2）！

[1] 引自 *Nature* 杂志。

[2] 引自 *Nature* 杂志。

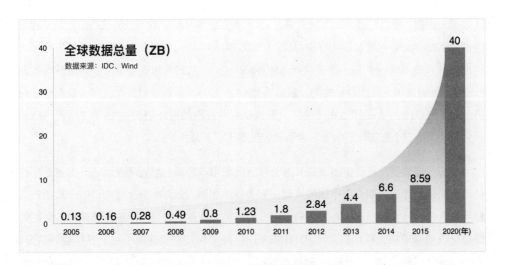

图 2-2　全球数据总量增长趋势图

但是，这些数据就能说明大数据的"大"了吗？不，大数据的内涵不止于此！根据 Gartner、IBM 等的研究和定义，可以用"4V"来总结大数据的核心特征——Volume（大量）、Variety（多样）、Velocity（快速）、Value（价值密度低）。后来，又有学者持续补充了更多的特征——Veracity（准确性）、Visualization（可视化）、Validity（合法性）……而阿里巴巴对大数据有着独有的认知，详见第 2.2 节。

IDC 的研究结果客观地证明了全球的数据量正以不可阻挡的趋势在爆发式地增长，Gartner 及各方学者的定义充分说明了数据结构的复杂性正在不可逆地增加。如何高效、充分地整合多源的数据、管理多样的数据、提炼并应用数据的价值，愈发成为迫在眉睫的挑战，但这也是机遇。让我们欣喜的是，DT 时代的到来让大数据的研究与应用得到重视，相关研究成果逐步成熟，研究领域逐步细化，新的细分研究概念也在不断涌现。通过研究 Gartner 的"魔力象限市场报告"可以发现，伴随"大数据"概念的发展，数据领域的研究已经在广度与深度上得到拓展：从早期与硬件制造相关的数据中心备份及网络管理等单一的领域分类，扩展到如今平台化及场景化的数据仓库、元数据管理、主数据管理、数据质量、数据泄露、数据科学等多元的领域分类。与此同时，数据仓库的概念正在被外延——衍生出"大数据"及数据湖的"逻辑数据仓库"概念，关于大数据的研究与想象空间似乎没有边界。

3. 世界各国大数据战略

放眼海内外，大数据的战略布局已然全球化并全面升级：2011 年，欧盟发布报告《开放数据：创新、增长和透明治理的引擎》，澳大利亚发布《国家数字经济战略报告》并启动国家数字经济战略；2012 年，日本发布《面向 2020 年的 ICT 综合战略》，美国发布《大数据研究和发展倡议》和《数字政府战略》；2013 年，澳大利亚发布《公共服务大数据战略》，英国发布《英国数据能力发展战略规划》；2014 年，欧盟再次发布《数据驱动经济战略》；2016 年，美国发布《联邦大数据研究与开发战略计划》，中国的《国民经济和社会发展第十三个五年规划纲要》中明确提出实施"大数据战略"。

值得一提的是，其实中国早在 2011 年就提出重点发展信息处理技术——海量数据存储、数据挖掘等，以期支持中国的大数据相关技术创新。2014 年 3 月的贵阳大数据产业发展推介会，是大数据真正开始影响中国发展的重要拐点，它显示出政府意识到大数据的商业化价值和重视大数据研究。2016 年《国民经济和社会发展第十三个五年规划纲要》中明确提出实施"大数据战略"，这标志着中国要重点发展大数据相关研究，要从数据大国变成数据强国。

"大数据"正在成为全球各国的重要战略之一。图 2-3 所示的为国内外的大数据战略。

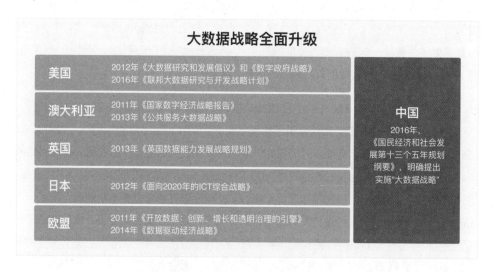

图 2-3 国内外的大数据战略

4. 大数据市场前景无限

未来，大数据市场的前景与价值无可辩驳。如图 2-4 所示，根据 CCW 的研究，全球大数据市场规模在 2017 年已达到 2000 亿美元，并以每年 20% 的速度在增长，中国大数据市场规模在 2016 年已达 20 亿美元，并以每年 60% 的速度在高速增长！

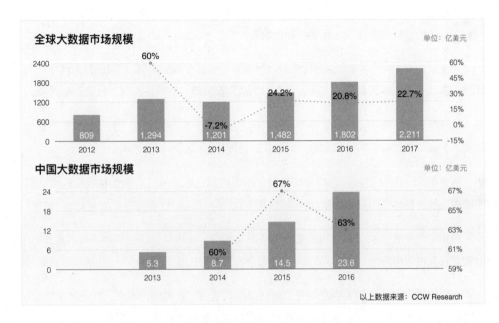

图 2-4　国内外大数据市场规模

　　总而言之，随着大数据的发展，世界各国持续发布关于大数据的战略措施，极大地加速了大数据的研究与发展。企业相关技术的变革与创新，积极地推动了大数据的实践与落地。大数据已经处于从概念到全面应用的重要转折期，并正在开辟无限的市场前景。继互联网时代、信息时代之后，DT 时代的大门已然打开，这又是一个美好时代！

2.1.2　同仁如何用大数据

　　从思想萌芽到理论研究，再到价值探索，将大数据用起来才是终极目标。对此，国内外大数据领域的同仁及企业在大数据领域里百花齐放，各领风骚。

1. 业界如何看待大数据的内涵与外延

　　在大数据战略升级的背景下，当前正处于大数据技术发展的黄金期，政府和企业都亟需赶上时代的浪潮，尽快完成大数据商业化布局——数字化转型、探索新兴商业模式……然而，酝酿 20 年才发展起来的大数据技术，究竟会给现实世界带来怎样的改变？可以探索的大数据市场在哪里？

要回答如上问题，首先要回归大数据的本质。如今，研究机构、学者、企业等对大数据的诠释已覆盖战略、技术、业务等多个维度与视角。本书从语义、实现、服务、应用等层面进行诠释，让读者由浅入深地认识大数据。

语义层面："数据"即所有信息的记录，例如用户从访问网站到转化过程的行为属性；"大"即是巨量，可以引申为数量、形式、含义的丰富，保证现实被"高保真"地记录与回放。

实现层面：大数据是一套数据处理技术或方法体系，实现具有以上特征的数据的存储、计算、共享、备份与容灾、保密等，保证数据处理的时效性与扩展性。

服务层面：大数据是数据技术变革引发的新兴信息服务模式，例如从数据探索出发，系统主动推送信息给用户做决策、给机器优化参数，基于数据的"量变"完成业务的"质变"。

应用层面：大数据是数据服务组合生成的新场景、新体验，日益增长的数据量非但不会使信息获取效率降低、质量下降，反而让每个人都能得到快速迭代、个性化的互联网服务。

大数据的出现，让纷繁杂乱的现象被具象化与量化；大数据的存在，让已知事物也可以被挖掘出无尽的未知价值。延伸香农理论来看，大数据是在当下信噪放大、信源及信道复杂化的互联网时代，实现信息增益的催化剂。

2. 大数据信息增益与应用策略

在大数据的催化下，实现"信息增益"的方式有如下几种。

从基础建设角度，见微知著：①以历史预测未来，常见的有基于各行业大数据平台的榜单，例如热门景点拥挤度排名等，以便用户提前调优旅游行程。②化零为整地应用，常见的有基于庞大网民基础数据的理财工具，例如小额借贷与投资，以便用户可以灵活可控地进行"互联网活期理财"……广积数据，才有发现趋势的可能。

从机制角度，系统"自治"：①以需求输入驱动规划输出，常见的有基于实时流动数据的决策规划，例如打车定位和交通工具分布现状，实现应用自动设计最佳拼车线路。②以系统计算代替人工判断，常见的有基于图像、文字、实验数据等的自学习与发现，例如在线题库系统，以便用户快速找到答案或定位相似题……以数据为内核，以算法为引擎，才能发现价值。

从思维角度，面向对象：①以对象为中心的特征描述、定向信息服务，常见的有基于 DMP（数据管理平台）具象绘制网络用户的实体特征，例如行为画像等，从而保证推送的信息更精准。②以对象为中心的价值评估体系、分层自驱的服务，常见的有基于多元数据源定义用户评分或等级标志的服务，例如芝麻信用分等，实现用户价值可衡量、服务投入产出最大化……确定目标与方向，才能找到价值最大化的点。

从场景角度，"虚实"连接：①塑造虚拟世界、扩展现实体验，常见的有各种基于 VR 的硬件与软件，例如 Hololens、Pokeman GO，以仿真交互随时随地还原现实精彩场景。②线上线下一体化、线下服务轻量化，常见的有将门店渠道连接在线信息系统，例如无人商店、自助收银等，实现店铺主动识人、自助服务更简单……划分明确的场景，才能让数据价值得以凸显。

"信息增益"所带来的效果，数据价值的凸显，正是大数据市场的广阔前景所在。其中关键的判断依据则是大数据应用的成熟度，即通过最大化发挥云计算性能、最深度发掘人工智能潜力，逐步实现采购、研发、制造、营销等全业务流程的监测、洞察、优化和变现，直至业务重塑，最终助力各行各业（包括互联网、金融、电信、零售等）实现数字化转型。

3. 大数据价值探索如雨后春笋

从 2011 年开始，各大互联网公司已经在业务扩张、数据量呈爆炸式增长的商业战场上，或通过投资数据技术研究，或通过彻底转型为数据技术公司，率先探索大数据技术，沉淀大数据经验，实践大数据应用，在大数据市场中蓄势待发。

诸多国际大公司，如微软、谷歌、IBM 等，纷纷推动了大数据技术的学术及产业研究，将成果迅速应用于业务场景并进行验证，并以 IaaS 及 PaaS 形式云化分享；国内"BAT"（百度、阿里巴巴、腾讯）等巨头公司，以及各类垂直化发展的互联网公司，也在大数据领域深入耕耘。图 2-5 所示的是国内外有志于实践大数据的公司关于大数据价值探索的战略布局。

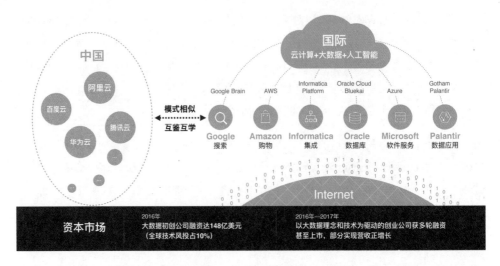

图 2-5 国内外有志于大数据实践的公司关于数据价值探索的战略布局

下面看一看这些公司在大数据领域的探索实战。

• Google 以搜索引擎业务需求为出发点，创新大数据框架并延展周边云服务，以拓展自身品牌影响力。

• Amazon 以电商业务起步，发现大数据应用场景背后的云计算前景，是第一家云服务提供商，推动数据上云，以开拓商业市场。

• Informatica 作为数据集成商，陆续拓展业务及产品，推出 Vibe、Informatica Platform 等产品以提高自身业务的竞争力。

• Oracle 作为数据库供应商，通过收购等方式，快速补全云上数据分析服务、SaaS 化数据管理服务等能力，以实现其业务转型与创新。

• 微软作为操作系统软件的供应商，孵化了 Azure 数据中心及服务平台，并快速升级及输出同名云服务，以扩大其在计算机软件市场中的占有率。

• Palantir 作为第三方数据服务商，汇集数据并基于自主研发的大数据风控系统找到本·拉登，一战成名，成为数据应用价值商业化的成功案例……

• 国内的大数据公司，如阿里云、华为云、百度云、腾讯云等，也采用类似战略布局并快速发展崛起。

• 资本市场也不甘落后。时至今日，Telend、Cloudera 等借助大数据兴起的东风、以大数据理念与技术驱动发展的创业公司，已获得多次融资，甚至上市，部分已实现营收正增长。大数据公司的新起之秀仍在呈指数级涌现，根据统计数据，2016 年，大数据初创类公司总融资达到了 148 亿美元 [1]，其中全球技术风险投资占 10%。

[1] 引自 36 氪网站。

大数据已经不是以独立的概念存在，它正让此前难以想象的服务和业务成为可能——探究自然界中万物生长规律、优化制造加工流程、设计最佳营销方案、升级家庭生活中智能提醒体验、影响社会公共服务方向……诸多广阔数据应用场景与潜在价值如果能够被正确使用，那么大数据将能显著地促进经济增长。而现在，还只是开启大数据价值探索的万里长征第一步。

大数据无处不在，这是不争的事实。过去，数据的价值无法被探知，犹如静候开采的矿产。如今，随着数据应用场景的扩展、技术的发展，它的价值正在被挖掘并且亟待深度挖掘，如同从原油到汽油、柴油等，再到提炼出 92#、95#、97# 等适用不同车型的汽油。但也有所不同。不同之处在于，数据被从各种现实场景中收集而来，又驱动社会生产发展及生活变革。因此，可以构建从数据产生到应用的正向流动闭环。所以，大数据是最难得的隐性资产，是新时代环境下不可缺少的新兴"能源"。但是在能源化、资产化的进程中，大数据的存储、分析处理、应用等核心技术难点依然存在。如何提供更快捷、便利、低成本的工具，以支持高效分析大数据及深度提取大数据的价值，这将决定谁是未来大数据商业化领域中的佼佼者、大数据变革进程中的领军者！

无业务不数据，无数据不智能，无智能不创新；要将业务数据化、数据业务化，希望在这场大数据浪潮中出现更多的大数据的布道者与践行者！

2.2　阿里巴巴的大数据主张

2.2.1　阿里巴巴的大数据主张概述

阿里巴巴早在 2012 年前后已经开始探索在云上构建大数据体系，而基于多年实战打造出来的云上数据中台，已经走在推进业务数据化和数据业务化的道路上，并形成了自己明确的数据主张，如图 2-6 所示。

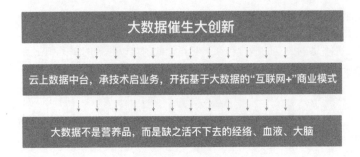

图 2-6 阿里巴巴的大数据主张

- 大数据催生大创新：云上数据中台致力于构建的既"准"且"快"的"全""统""通"的智能大数据体系，或者更具体地说是标准统一、融会贯通、资产化、服务化和闭环自优化的智能大数据体系，其终将催生数据智能化，促进业务发展与模式创新、数据价值变现乃至产业变革升级。

- 云上数据中台是"承技术启业务"的关键存在：云上数据中台是实现"大数据大创新"这个目标必不可少的核武器。我们以云上数据中台为抓手，进一步推进"统一计算后台、统一云上数据中台、赋能业务前台"战略级完整解决方案。基于云上数据中台的大数据能力与"互联网+"架构能力相结合，才有催生大创新的可能。

- 大数据拥有超能力：我们认为大数据应该是具有智慧的，是"缺之活不下去的经络、血液、大脑"，而不是"可有可无的营养品"。

2.2.2 大数据催生大创新

很多人对阿里巴巴的认知是："这是一家很牛的电商公司"。但实际上，电商业务仅仅是阿里巴巴在人们认知中最出彩的部分。图 2-7 所示的是阿里生态业务概览，从中可以看出，阿里巴巴是一家被电商业务的光芒掩盖了的生态公司，是一家优秀的技术公司和大数据公司。在阿里生态中，除电商、金融领域外，还包括广告、物流、文化、教育、娱乐、设备和社交等领域；不仅涉及国内领域，还涉及国际领域。

如此庞大的生态系统，在 PC 端、无线端、线下等多终端及全渠道中蕴含着丰富的大数据。阿里巴巴已经走过盲运营、简单数据化运营的阶段，现在已经实现并正在继续推进在"业务数据化"和"数据业务化"过程中的数据智能应用与创新。时至今日，阿里生态中的几乎所有业务都已经实实在在地运行在云计算和大数据之上。如果说业务前台在上方，云计算在下方，那么大数据及大数据技术则是在非常重要的"腰部"，生产着智能数据并创新着数据智能。

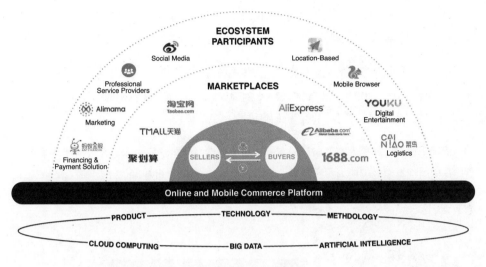

图 2-7 阿里生态业务概览

"大数据催生大创新"是非常美好的使命，但完成使命的道路异常艰辛，需要有很坚定的信念和行之有效的方法。幸运的是，我们找到了这样的信念和方法："大数据拥有超能力"是我们的信念，"云上数据中台"是我们的方法。

2.2.3 大数据拥有超能力

自 2008 年 8 月大数据的概念被首次提出后，关于"大数据"的讨论、研究和应用一直源源不断。2014 年 3 月，马云预言"人类正从 IT 时代走向 DT 时代"，这将大数据的技术、产品及商业化应用推到了风口上。对于什么是大数据，可谓"仁者见仁，智者见智"。

- 大数据研究机构 Gartner 认为，大数据是一种信息资产，它需要新的处理模式，才能具有更强的决策力、洞察力和流程优化力来适应大数据的海量、高增长和多样化。
- 麦肯锡全球研究认为，大数据是一种在获取、存储、管理和分析方面大大超出了传统数据库工具的数据集合，具有四大特征——海量的数据规模、快速的数据流转、多样的数据类型和低价值密度。

……

从技术视角来看，大数据与云计算的关系密不可分。单台计算机无法处理大数据，必须采用分布式架构。大数据技术是对海量数据进行数据挖掘，所以它必须依托云计算的分布式处理、分布式存储和虚拟化技术。

从分析师视角来看，大数据通常被用来形容一家公司创造的大量非结构化数据和半结构化数据，而下载并分析这些数据通常会花费过多的时间和金钱。

以上内容分别从不同的视角诠释了大数据的特征——"海量""高速""多样性""真实性""复杂性"等，却也可见因为大数据飞速增长随之而来的"技术挑战""高成本"，以及"大数据是锦上添花的营养品"的"价值宣讲"。

而阿里巴巴大数据人有着自己独有的认知和观点，如图 2-8 所示。大数据拥有超能力，其应该同时拥有像爱因斯坦一样聪慧的大脑和像施瓦辛格一样健壮的体魄。

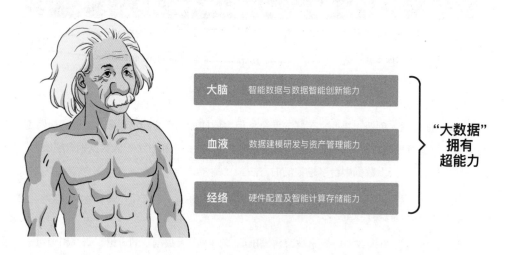

图 2-8 阿里巴巴大数据人关于大数据的认知和观点

在阿里巴巴业务原始增长时期，我们也将大数据视为可有可无的资源。但随着业务的深度发展，我们对大数据的认知发生了质变。阿里巴巴在"大数据"的概念基础上提出了"智能大数据"的概念，并在实战中形成了阿里巴巴大数据观，即"大数据拥有超能力"。

（1）首先，大数据是"经络"，具有硬件配置与智能计算存储能力。

我们继续坚持大数据所要求的硬件配置及其计算存储能力，并且认为大数据应该是能够被及时计算和有效存储的，是可以动态调优向上服务的。例如，对大数据计算"白天忙与晚上闲"的问题实现柔性调控；实现大数据离线批量计算结果与实时流计算结果之间的共用、复用。

而解决这些问题离不开的大数据人才包括数据库专家、数据架构师、运维工程师等。

（2）其次，大数据是"血液"，具有数据建模研发与资产管理能力。

我们认为，大数据应该是标准、规范、有序的，是全面且多样的，是清晰、可见且可控的，因此，要在成本可控的前提下，实现上层数据智能应用的价值最大化。例如，避免数据具有二义性和重复加工；尽可能地全渠道采集数据和整合散落各处的数据；让数据从业务和技术的双视角出发，实现投入产出比最大化，而非只从技术视角出发考虑节约成本。

要实现以上目标需要的大数据人才包括数据产品经理、数据模型师、资产专家等。但是，如果我们致力于实现从半自动化到自动化再到智能化的工具产品，其中有赖于专业的大数据人才的部分工作是可以被替代的，从而可以让专业的大数据人才解决更多的人脑才能解决的复杂问题，并进行开拓创新。

（3）最后，也是最重要的，大数据是"大脑"，具有智能数据能力与数据智能能力，即让数据聪明起来的智能数据能力和用数据实现各类智能应用创新的数据智能能力，这也是最重要的。

我们认为，大数据本身应该是智能的，应能通过数据智能应用提升业务，甚至创新业务。例如，连接各种孤岛数据并在打通它们的基础上萃取数据；将智能数据与业务相结合，实现数据智能应用；让智能数据自成业务，并创新性地实现价值变现。

要实现以上目标需要特别培养大数据人才，其中包括数据产品经理、交互专家、数据可视化设计师、数据架构师、数据科学家等。当然，从半自动化到自动化再到智能化，是可以释放部分大数据人才资源并提升效率的，从而让大数据人才可以有更多的时间和精力潜心于应用创新研究。

阿里巴巴的大数据观是"大数据拥有超能力"，认为这种超能力包括数据计算能力、智能数据能力和数据智能能力，就像人的经络、血液和大脑，缺一不可。阿里巴巴正积极构建与探索着云上数据中台及对应的云上数据中台业务模式。

2.2.4　云上数据中台是"承技术启业务"的关键存在

我们通过阿里巴巴数据公共层建设 [1]，及其之上的一系列老应用迁移、新应用支撑和各类面向应用服务的创新，建成了云上数据中台。图 2-9 所示的是云上数据中台赋能业务运行图。

[1] 阿里巴巴数据公共层建设是在阿里集团登月项目启动之后的同一年，即在 2014 年 4 月启动的，目标是以创新性方式完成数据登月。登月项目涉及阿里集团几乎所有业务的数据上云，包括从登月 1 号到 9 号、登月 1plus 号和 2plus 号，后来又追加的登月 X1 号 ~ X12 号，共计 23 个项目。而数据量级超大且最关键的登月 2 号已经提前开始。所以，对此时启动的数据公共层建设来说，既要处理好与登月项目的关系，又要在保证不影响当时业务发展的前提下，解决业务和技术痛点，还要达成当时的业务和技术可能并没有想到的业务期望、技术期望，也就是说要"开着飞机换高能引擎"！

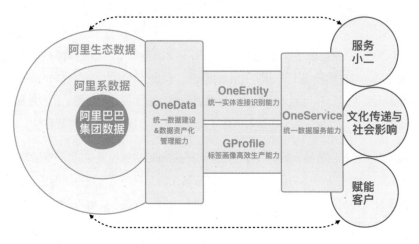

图 2-9　云上数据中台赋能业务运行图

　　这张运行图主要表达的是 4 个关键词：数据全面、数据打通、数据统一以及数据的闭环自优化。而这些正得益于 OneData、OneEntity 和 OneService 体系。其中，OneData 致力于实现数据的标准与统一，让数据成为资产而非成本；OneEntity 致力于实现实体统一，让数据融通而非以孤岛存在；OneService 致力于实现数据服务统一，让数据复用而非复制。

　　从实际效果来看，阿里巴巴大数据观的形成过程正是云上数据中台"承技术启业务"的过程。

　　云上数据中台致力于建设既"准"且"快"的"全""统""通"的智能大数据体系，这是云上数据中台励精图治的成果。

　　云上数据中台已经与技术后台和业务前台融为一体，包括融合技术、数据及业务。其以云上数据中台自身内核能力为中坚力量，不是纯数据、纯技术，也不是纯业务，在云上数据中台内核能力形成的智能大数据体系之上，致力于智能大数据与业务场景深度融合的各类应用与智能化价值创新。

2.3　水到渠成的云上数据中台

　　从 2012 年 2 月在 B2B 和淘系部分领域初探云上数据中台，到 2014 年 4 月全面推进阿里巴巴数据公共层建设项目，以促进技术、业务和组织优化，这些质变性战绩让云上数据中台在事实上存在。2015 年 12 月 7 日，阿里巴巴数据中台团队正式成立，之后整个数据中台团队开始面向阿里生态内全面建设智能大数据体系，其中坎坷不论，云上数据中台确实是水到渠成的！

2.3.1 云上数据中台赋能业务全景图

图 2-10 所示的是云上数据中台赋能业务全景图。其中包括数据技术、数据及数据服务、数据应用创新三个层面，即赋能业务前台、统一云上数据中台和统一计算后台，其以云上数据中台内核能力为中坚力量。

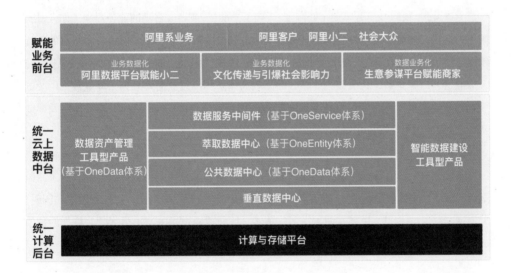

图 2-10　云上数据中台赋能业务全景图

（1）首先看计算后台。

计算后台同时具有离线计算能力、实时计算能力和在线分析能力，从而让用户可以尽早地看到昨天以前的各种统计汇总及萃取的数据，准确无误地看到上一秒产生的数据，在线分析、查看海量的数据。

（2）在计算后台之上的是云上数据中台。

在云上数据中台中，我们通过智能数据能力实现了全局数据仓库规划、数据规范定义、数据建模研发、数据连接萃取、数据运维监控等，拥有了具有多样性数据的分层数据中心。

那么，云上数据中台是如何实现这些功能的呢？

最初，我们通过各种方式采集尽可能丰富的数据，在清洗、结构化后形成垂直数据中心，即统一的 ODS 数据基础层。垂直数据中心包括淘宝、天猫、聚划算、阿里妈妈广告、优酷土豆、UC、高德、Lazada 等数据。

然后，我们进行数据建模研发，并处理为不因业务特别是组织架构变动而轻易转移的数据中间层，包括 DWD 明细数据中间层和 DWS 汇总数据中间层，它们与 ODS 数据基础层一起形成公共数据中心。公共数据中心中包括电商、文娱、营销、物流、金融、出行、社交、健康等数据。

更进一步，我们以业务单元（如淘宝、天猫）为准星，或者以客观的业务对象（如人、货、场）为准星，计算出复用性强的统计指标并增加到公共数据中心中。再将各个垂直的孤岛数据连接起来并萃取不同于统计指标的精华数据，如行为标签、关系等，形成萃取数据中心，包括消费者数据体系、企业数据体系、商品数据体系和位置数据体系等；萃取数据中心的数据根据数据模型的设计要求被存放在 DWD 明细数据中间层、DWS 汇总数据中间层或者 ADS 数据应用层中。

于是，一个具有多样性数据的分层数据中心就形成了，其中，所有数据都会进入"数据资产管理"工具型产品中，我们同时从业务和技术这个双视角出发，在控制成本的同时，更重视实现价值，即不是单方面看重节约成本，而是更看重投入产出最大化。这样的价值实现过程就是面向应用提供服务及创新的主题式数据服务。

（3）最后，在云上数据中台之上的是业务前台。

阿里巴巴有数十个甚至上百个 BU，以及三大类受众，即阿里小二、阿里客户、社会大众。他们基于同一个数据体系，同一份可复用的数据，通过不同但分类有序的平台获得服务。

- 阿里巴巴通过阿里数据平台及其产品帮助阿里小二实现业务数据化，包括全局数据监控、数据化运营和数据植入业务的各种应用及创新。
- 阿里巴巴通过生意参谋平台及其产品赋能商家、内容创作者等。站在客户的视角，在阿里巴巴推进业务数据化的过程中也帮助了客户推进业务数据化。而站在阿里巴巴的视角，这也是一种数据业务化的表现形式。
- 阿里巴巴一直很注重文化传递和社会影响力，无论是客户第一，还是人文情怀，抑或是社会责任。而双十一数据大屏是其中一种凝结了数据、商业、人文、情怀、责任等的表达方式。

- 这三类服务平台背后的主题式数据服务，通过大数据，将服务及各种创新可能提供给阿里巴巴中数十个 BU 的阿里小二、阿里客户和社会大众，为各种应用提供服务及创新可能；服务创新必然会对应用中的数据有反馈及产生新的数据，而这些数据回流形成闭环后又可以优化数据。

在阿里巴巴，因为有了云上数据中台，业务、数据、技术变得水乳交融，密不可分。大数据发挥能量的必然结果是价值实现。图 2-11 所示的是云上数据中台在降低成本、提高效率、将数据价值化与促成组织优化方面的成果（在 3.1.3 节会加以详述）。

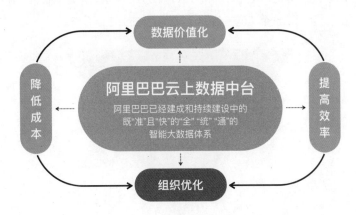

图 2-11　云上数据中台建设阶段性成果

"不管是黑猫还是白猫，抓到老鼠的才是好猫"。从 2012 年 2 月至 2014 年 3 月开始初探云上数据中台，到 2014 年 4 月至 2015 年 11 月推进阿里巴巴数据公共层建设，云上数据中台建设取得了实质性成果。其不仅在技术上实现了降低成本和提高效率的基本目标，更在业务上实现了赋能业务数据化和数据业务化，直接将数据价值变现，还在意料之外促进了组织优化，以及培养了云上数据中台特有的大数据人才。

2015 年 12 月，数据中台团队正式成立并作为阿里巴巴组织升级之一，这是一个水到渠成的结果。与此同时，我们正式启动阿里生态内智能大数据体系建设项目。

2.3.2　云上数据中台的顶层设计

在 2012 年 2 月初探云上数据中台时，我们就怀揣着"有一天可以建设阿里巴巴所有大数据，甚至是国家的、国外的大数据"的梦想，虽然当时还没有云上数据中台的概念，但我们认为得有顶层设计指引着我们在这条在当时看起来遥远且不切实际的大数据之路上前行。

我心里隐隐地坚信着鲁迅先生说过的话："其实地上本没有路，走的人多了，也便成了路！"这些年来，我不忘初心，矢志不渝，就是因为梦想和坚持梦想的力量。最初的"梦想战友"还在一起坚持不懈，又不断迎来新的"梦想战友"的加入，这条大数据之路已经越来越清晰了。

从开始到现在，从事实上存在的数据中台团队到实体存在的数据中台团队，我们的"倒三角形"顶层设计在 2012 年已初具雏形，如图 2-12 所示。这是一张历经多年沉淀的顶层设计抽象图，并且以后这个"倒三角形"顶层设计还会不断升级。

图 2-12 阿里巴巴云上数据中台的"倒三角形"顶层设计抽象图

在这个"倒三角形"顶层设计抽象图中，包括如下两层：

● "价值表现"：即大数据如何与业务相结合或自成业务，从而形成数据价值。随着我们对大数据价值的不断探索，"价值表现"会在越来越广泛的领域中以越来越丰富的形式体现出来。

● "能力内核"：虽然它看起来不大，却是关键支柱。随着大数据的发展，可能需要在其上面增加"能力引申"，以更好地支撑"价值表现"。

图 2-13 所示的正是云上数据中台顶层设计经历的 4 个演进阶段。当然，未来还会拓展出新的阶段。

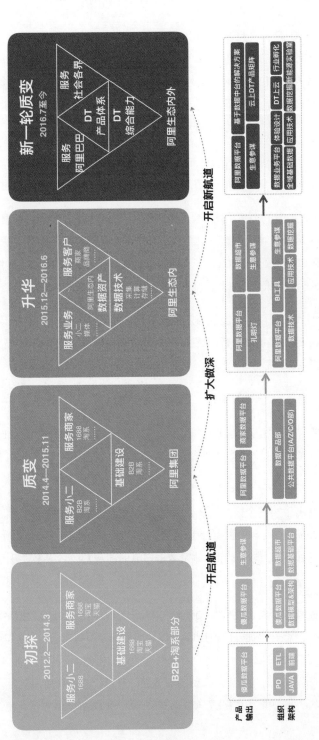

图 2-13 阿里巴巴云上数据中台顶层设计经历的 4 个演进阶段

- 史前阶段：2012 年 2 月以前，追随业务期。

[1] 视角不同决定着思考问题、提出问题和解决问题的角度不同。例如，从数据仓库视角出发的思考，更多是从技术层面或者系统层面思考数据怎么计算、怎么保存、怎么应用；而从大数据视角出发的思考，则会同时从业务层面和技术层面思考数据如何用尽可能低的成本实现尽可能高的价值，并且永远将业务层面的价值实现放在第一位思考，这也是阿里巴巴会形成自己的大数据主张和云上数据中台模式的重要原因。

虽然当时大数据已被正式提出，但那时更多还是从数据仓库的视角而非大数据的视角[1]思考问题。对当时的阿里巴巴而言，业务野蛮、快速地增长尤为重要，而大数据更多是被视为支持业务发展的资源，处于可有可无的尴尬境地，能让业务部门看到必需的数据即可，很少有业务部门关心数据的沉淀和数据的价值。

我们也曾想，在支持业务部门的同时，能够自主探索大数据的发展之路。但这在当时是不可能的。业务部门中的一些高级别主管直接将我们定位在支持业务发展的资源位置上。

2011 年年中，当时的 1688 数据仓库团队憋着"齐心协力干半年，数据仓库换新颜"的劲儿，于 2011 年年底推出了"傻瓜数据平台"和一两个关键数据产品，用于服务业务部门。这些平台及产品在某种程度上大大提高了支持业务的效率，但我们的核心工作依然是支持业务的发展，对于工作的评价依然主要来自业务部门的一次又一次的口头表扬或表扬信。

相应地，当时我们部门也是围绕着服务业务部门而设立岗位的，包括数据产品经理（2011 年 6 月以后逐步从需求分析师转换而来）、数据模型师、ETL 研发工程师、算法工程师、前 / 后端研发工程师。

- 第一阶段，2012.2—2014.3，顶层设计初探期。

随着对业务部门的支持力度越来越强，我们开始思考如何实现数据的标准化和规范化，同时争取到往外看看的机会，开始负责规划和实现面向 1688 客户的生意参谋，并进一步走进淘系市场。

于是，我们画出了第一个顶层设计，即在夯实"基础建设"的同时"服务小二"和"服务商家"。傻瓜数据平台的发展壮大、生意参谋从 1688 版扩展到淘宝版和天猫版、OneData 体系的提出和 OneService 体系数据产品的前身 OpenAPI 的提出，都发生在这个时期。

相应地，我们的组织架构也调整为按照业务单元划分，成立了"傻瓜数据平台团队""生意参谋团队"这两个代表着数据价值的团队，以及"数据模型与架构""数据基础架构"这两个代表着数据内核能力的团队；将数据产品经理、数据模型师、ETL 研发工程师、算法工程师、大数据产品前 / 后端研发工程师的职责进行升级，并将其划入相应的业务单元；同时，我们在对应的业务单元中增设了大数据产品无线端研发和大数据运营两个岗位。

- 第二阶段, 2014.4—2015.11, 顶层设计质变期。

随着 OneData 体系在 1688 和淘系部分领域取得的初步成功, 以及借着 2014 年阿里巴巴数据登月的契机, 阿里巴巴数据公共层建设项目于 2014 年 4 月 8 日正式启动。

于是, 我们在初探期的顶层设计基础上进行了扩展, 与初探期夯实"基础建设"的同时"服务小二"和"服务商家"相比, 此时发生的巨大变化是: 我们将"基础建设"扩展到 B2B、淘系、小微金服、阿里云等十多个 BU, 将 OneData、OneEntity、OneService 升级后形成三大体系并为众人所知; 将"服务小二"的门户网站升级为阿里数据平台, 将服务对象扩展到包含 B2B、淘系领域在内的二十多个 BU; 将"服务商家"的若干个产品整合为统一的商家端数据产品平台——生意参谋, 服务对象扩展到阿里系中千万级的商家。

相应地, 我们的组织架构也进一步升级, 按照业务单元升级为"阿里数据平台团队""商家数据产品团队", 以及组成"公共数据平台"的 K 部、A 部、C 部、O 部、Z 部共 5 个团队。其中, 在离线数据处理上, K 部负责统一 ODS 数据基础层和 DWD 明细数据中间层, A 部、C 部、O 部、Z 部各有分工且同时负责 DWS 汇总数据中间层和面向应用的 ADS 数据应用层; 在实时流计算数据处理技术上, A 部延续着从支持 1688 业务开始就在进行的垂直探索; 而在数据技术领域上, A 部主导"存储治理"数据技术领域和"安全权限"数据技术领域, K 部主导"数据模型""数据质量"和"研发工具"数据技术领域, Z 部主导"平台运维"数据技术领域。这样, 5 个部门之间既互相支持、依赖又互相监督, 有效地推动了阿里巴巴数据公共层的建设和应用进程。

关于团队的人才构建, 除数据产品经理、数据模型师、ETL 研发工程师、算法工程师、大数据产品前 / 后端研发工程师、数据产品无线端研发工程师和数据运营人员继续各司其职和扩展职能外, 我们还在对应的业务单元里发展了大数据特色 UED[1]。此时, 无论是业务、技术, 还是团队组织架构和人才构建, 都是在由量变达到一定程度后而引发了质变。阿里巴巴数据中台团队在事实上已经形成了。

- 第三阶段, 2015.12—2016.6, 顶层设计升华期。

2015 年 12 月 7 日, 在事实上已经存在的阿里巴巴数据中台被宣布正式成立, 并马上开始面向阿里生态内全面建设智能大数据体系。

基于质变期的积累和新时期的诉求, 顶层设计再度被扩展并开始新一轮的量变: 将"基

[1] UED, User Experience Design, 可直译为用户体验设计。在阿里巴巴, 其工作内容一般包括但不限于基于市场和竞品的用户体验调研、交互设计和视觉设计。阿里巴巴大数据团队对 UED 的能力要求一般会额外增加大数据思维、大数据技术理解等。

础建设"升级为"数据技术"，并开始研究数据采集、数据计算和存储等；向上引申出"数据资产"的概念，期望以资产视角管理阿里生态内所有的大数据；将"服务小二"调整为"服务业务"，以服务阿里生态内尽可能多的业务；将"服务商家"调整为"服务客户"，因为，此时生意参谋已不仅限于服务商家，而是被进一步扩展到服务大型品牌商、广告主、IP 内容生产者等。

相应地，围绕"大中台小前台"的战略方向，我们想要探索新的组织架构并吸纳人才，于是将"商家数据产品团队"按照产品线拆分为若干个产品团队，加上"阿里数据平台团队"，此时共有若干个不同的小型垂直业务单元并存；与数据技术和数据资产管理相关的数据模型师、ETL 研发工程师全部被统一到一起，与数据产品研发相关的前 / 后端研发工程师、无线端研发工程师、测试开发工程师被统一为一个团队，算法工程师被独立成为一个团队，此时，三大技术团队并存。

虽然，这看起来像云上数据中台内部的"大中台小前台"，但此时，数据中台团队已经壮大到一定程度。在我看来，这种按照岗位职能铺开的架构在本质上是不利于开拓创新的，甚至会导致一些隐患和问题。但值得庆幸的是，因为是大势所趋，大数据建设与应用依然被快速推进，其间推进的优酷土豆数据公共层建设和应用算是一个不错的亮点。

- 第四阶段，2016.7 至今，顶层设计新一轮质变期。

2016 年 9 月，刚回到阿里巴巴数据中台团队的我，带着新的使命，开始自我命题与自我解题——在阿里生态内全面建设智能大数据体系的同时，向阿里生态外赋能。在不久之后的云栖大会上，马云老师提出了"五新战略"——新零售、新金融、新制造、新技术、新能源。新能源即数据能源，阿里巴巴有能力也有责任将自己的大数据能力对全社会输出并实现赋能。

于是，云上数据中台顶层设计再度升级，从而开启新一轮的质变：①将之前的"服务业务"和"服务客户"升级为"服务阿里巴巴"，并且增加了"服务社会各界"。可见，云上数据中台将"服务阿里巴巴"和"服务社会各界"视为同等重要的事情。②将"数据技术"和"数据资产"升级为"DT 综合能力"和"DT 产品体系"。其中，"DT 综合能力"包括云上数据中台沉淀和继续创新中的产品化能力、数据技术能力、方法论、数据与业务连接的业务体感、OneTeam 协同作战思维、特色大数据人才体系等，而"DT 产品体系"则是在此基础上的能力引申，以产品体系的方式向上同时满足服务阿里巴巴和服务社会各界的需要。

相应地，团队组织架构进行了非常大的调整：①按照业务单元组建了"数据服务平台团队"和"基础数据团队"，服务阿里生态内；②组建"新能源实验室团队"并与阿里云飞天一部的"新行业孵化团队"合作，即我个人开始以"双实线"[1] 负责两大 BU 的相关业务，在带领两边的团队探索将 DT 综合能力形成商业化产品体系的同时，以阿里云新行业[2] 客户服务为切入点，实践和验证"云上数据中台业务模式"的可行性。

而在人才体系上，因为有赋能社会的要求，所以对数据产品经理、数据 UED、数据模型师、ETL 研发工程师、算法工程师、数据产品研发（前／后端和无线端研发）、数据运营人员等的能力要求也在发生变化。例如，数据产品经理开始裂变并衍生为平台型数据产品经理和行业型数据产品经理，两者的能力要求既有共同之处又有差异之处；在数据技术领域一专多能且能推动结果的大数据技术经理比以往任何时候都变得更加重要了。

2.3.3　云上数据中台业务模式的愿景与使命

经过阿里生态中各种业态的实战历练后，云上数据中台除自身具有的内核能力外，还向上与赋能业务前台、向下与统一计算后台连接，并与之融为一体，形成云上数据中台业务模式，具备了赋能全社会的可能性。

云上数据中台处于计算后台与业务前台之间，其内核能力是以业务视角而非纯技术视角智能化构建数据、管理数据资产，并提供数据调用、数据监控、数据分析与数据展现等多种服务；承技术后台，启业务前台，是建设智能数据和催生数据智能的引擎。而指导云上数据中台内核能力不断积累、沉淀的，正是 OneData、OneEntity、OneService 三大体系中的方法论。

云上数据中台业务模式不是纯技术、纯数据，也不是纯业务。它同时关注着与大数据能力相关的技术、数据、业务等，以大数据能力为中轴线，基于技术而又深入业务。它是"数据产品＋数据技术＋方法论＋场景价值实现……"的综合性能力输出。它同时负责智能化数据、极致提升技术和数据智能化业务。即一方面，云上数据中台专注于从业务视角建设既"准"且"快"的"全""统""通"的智能大数据体系，同时极致化追求技术上的降低成本和提高效率；另一方面，云上数据中台致力于智能大数据与业务场景深度融合的各类应用与智能化价值创新。

云上数据中台的业务模式是活性的，是有血有肉、有情感的，其信念是"大数据拥有超能力"，其使命是实现"大数据催生大创新"，其愿景是"让大数据创新无处不在，大数

[1] 这是阿里巴巴中一种特殊的组织架构表现，即一个人同时有两条汇报线，向两个主管汇报，带领两条业务线的团队，负责两条业务线的工作。一般来说，这样的两条业务线有一定的相关性或者可以产生 1+1>2 的价值。

[2] 在当时的阿里云客户中，工业、交通、税务、海关、公安等行业已有不错的积累，被称为"成熟行业"，其他相对较晚进入、积累和沉淀相对薄弱的行业如零售、环保、旅游、能源、农业、酒店、运营商、地产、传媒等，被称为"新行业"。

据人才无处不在"。

因为使命，以及为了达成愿景，云上数据中台不再被深藏于阿里生态内。2016年9月，我们开始思考将阿里巴巴大数据能力赋能阿里生态内外。

挖掘大数据价值的核心是"怎么做""为谁做""谁来做"。正如图2-14所示，我们要探索出云上数据中台业务模式赋能阿里生态外的"三驾马车"式业务模式，高效实现"让大数据创新无处不在，大数据人才无处不在"的愿景，以实现"大数据催生大创新"的使命。

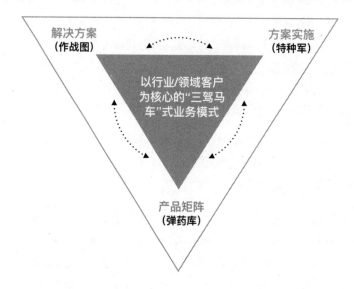

图 2-14 云上数据中台业务模式赋能阿里生态外的"三驾马车"式业务模式

云上数据中台业务模式对阿里生态外输出的关键在于赋能。它是基于云上数据中台的智能大数据解决方案，赋能对象包括客户、行业、生态合作伙伴，以及业务模式自身。

- 就赋能客户而言：以云上数据中台产品矩阵实现全局规划与研发模式，满足客户当前的需求和实现愿景及目标。
- 就赋能行业而言：打造国内外行业标杆客户，从而带动行业追随客户，实现行业拓展模式，根据标杆客户建立行业样板间，并促进云上数据中台产品矩阵的迭代优化及抽象浓缩，以适配行业和客户。
- 就赋能生态合作伙伴而言：以阿里特色的"产品经理＋技术经理"联动合作伙伴，实现轻实施交付模式。阿里特色产品经理负责让完整的智能大数据解决方案及其背后的产品矩阵满足客户的专享需求，阿里特色技术经理负责方案实施相关的所有技术。生态合作伙伴可以充分参全流程，并沉淀出行业产品，而非只是纯粹、枯燥地重复开发。

- 就赋能业务模式自身而言：这"三驾马车"是相互依存、相互支撑的自循环业务模式，若这三者的赋能可以形成，则整个业务模式就能自我循环，从而形成自我赋能。

未来，我们会全力以赴地分享云上数据中台业务模式，不遗余力地利用云上数据中台业务模式中的数据产品、数据技术、方法论、数据与业务融合的价值化经验等，帮助国内、国外的云上客户！

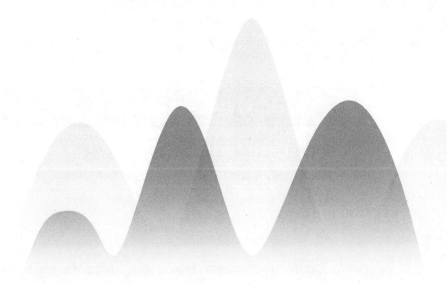

第3章

阿里巴巴云上数据中台之建设过程

阿里巴巴云上数据中台的发展主要经历了四个阶段：阶段一，2012.2—2014.3，初探期；阶段二，2014.4—2015.11，质变期；阶段三，2015.12—2016.6，升华期；阶段四，2016.7至今，新一轮质变期。

阶段四是阿里巴巴云上数据中台业务模式对阿里生态内和对阿里生态外的社会各界同时输出的大数据战略计划，在第5章会详细阐述。阶段一是阶段二的准备期，阶段三是阶段二的延展期。本章以阶段二中的阿里巴巴数据公共层建设这一决定性事件为例，阐释阿里巴巴云上数据中台的炼成过程。

3.1 云上数据中台执行计划

阿里巴巴数据中台团队从事实上存在到正式成立，经历了多年实战。其中，阿里巴巴数据公共层建设及其建成的数据体系之上的应用与创新是其成功与否的决定因素，极具综合性并行之有效的执行计划则是其成功与否的先决条件。

3.1.1 现状梳理和未来展望

为制订出周全且行之有效的执行计划，我们花了很多精力梳理现状，找出问题的症结所在，并有针对性地给出具有可持续发展潜力的解决方案。

1．现状梳理

在 2014 年以前，阿里巴巴的每一块业务都有对应的 ETL 开发团队为其提供数据支持，而每一个 ETL 开发团队都会按照自己的思路建设自己的数据体系。各个 ETL 开发团队的数据体系建设都分为数据基础层、数据中间层及数据应用层，为数据分析师或者业务人员提供分析服务，如图 3-1 所示。但这些数据体系在实际执行过程中得到的效果往往不尽如人意。

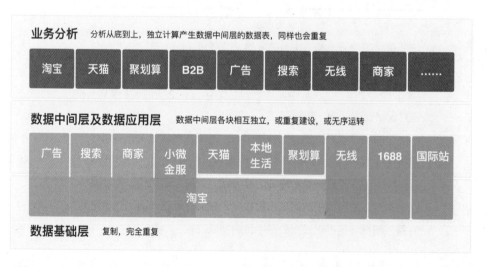

图 3-1 2014 年以前的阿里巴巴分业务自建数据体系抽象图

由图 3-1 可见，每一个 ETL 开发团队在支持每一条业务线时，都会从复制基础数据开始向上开发。例如，当时的小微金服、搜索等业务就全部复制淘宝的 ODS 数据基础层中的交易数据。在向业务分析提供支持时，可复用的数据中间层时而有，时而无，并与数据应用层混合在一起。虽然有的 ETL 开发团队建立了很好的数据中间层模型，它们却难以被复用，各个 ETL 开发团队之间也相互独立。数据分析师或业务人员在进行业务分析时，也是从底（数据基础层）向上独立生成数据中间层的数据表，与"时而有，时而无的数据中间层"中的数据表重复。

这种重复建设的状况同时造成了业务上的困扰和技术上的不合理消耗。

（1）业务上的困扰。

如图 3-2 所示，给业务带来的困扰主要包括两方面：从数据标准方面引发的数据信任问题和从数据服务方面引发的数据及时性和有效性问题。

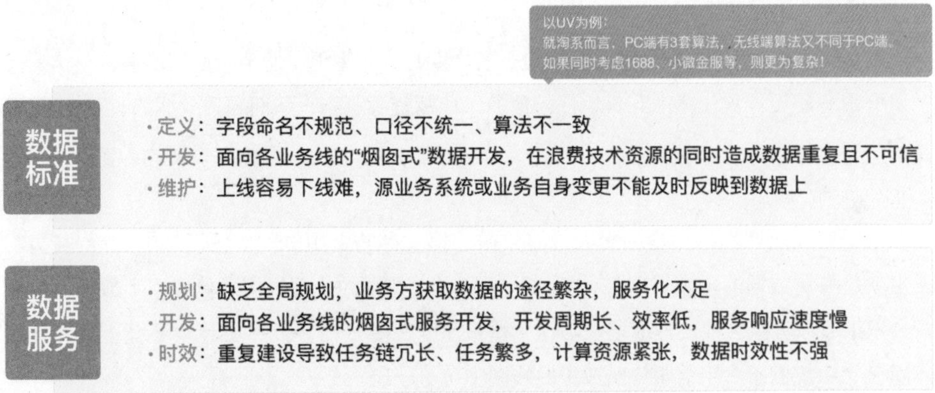

图 3-2　重复建设数据体系造成的业务困扰

一方面，从数据标准方面引发的数据信任问题及给业务带来的具体困扰有如下几项。

- 在定义指标阶段，存在字段命名不规范、口径不统一、算法不一致的问题。

- 在开发阶段，面向各业务线的"烟囱式"数据开发，在浪费技术资源的同时造成数据重复且不可信。

- 在上线后的维护阶段，"请神容易送神难，上线容易下线难"，此时，复杂的引用关系导致了数据任务有增无减。更糟糕的是，当变更源业务系统或业务自身时，难以及时反映到数据上。

举一个常见的例子，UV[1] 这个指标因为业务规则、商业要求等不同会产生多种不同的统计规则。以当时的淘系业务为例，在 PC 端统计 UV 时有 3 套规则，即存在 3 个同名

[1] UV（Unique Visitor）是指通过互联网访问、浏览网页的自然人或用户。与 UV 如影随形的一个指标是 PV（Page View），是指页面浏览量或点击量。用户对网站中的任一个网页访问一次即被记录一次，同一页面被访问多次则记录多次。可见，一个 UV 往往对应一个甚至多个 PV，多个 PV 的背后很可能是同一个 UV 的行为，所以，UV 的统计会去重，而在去重的过程中又会因为网页归属及业务规则、商业要求等产生不同的去重统计规则。

但不同计算逻辑的 UV，而在无线端关于 UV 的计算逻辑不同于 PC 端，又会衍生出多个 UV。而在 1688 业务、小微金服业务中，计算逻辑就更复杂了。当时我梳理出来的同名但不同计算逻辑的 UV 竟达 20 多个！除了 UV，还有 GMV、会员数、转化率等指标，这些数据标准不统一的问题，也会给业务带来困扰，也会不合理地消耗其背后的技术资源。经过重复性盘点、实用性分析、业务逻辑认知和数据规范定义后，我们大致可以将支撑起整个淘系业务发展的关键数据指标从两万多个浓缩为 3000 个左右！其中除了实用性等因素外，问题背后的数据标准不统一是根源。

另一方面，从数据服务方面引发的数据及时性和有效性问题及给业务带来的具体困扰有如下几项。

- 数据部门疲于业务支持、缺乏全局规划，因此服务化不足，业务方获取数据途径繁杂且不统一。
- "烟囱式"服务开发带来的问题是开发周期长、效率低，服务响应速度慢。
- 重复建设导致任务链冗长、任务繁多，计算资源紧张，从而导致数据的时效性不强。

（2）技术上的不合理消耗。

数据量飞速增长必然会占用大量的数据计算及存储资源。阿里巴巴从电商行业起步，天生就是海量数据的玩家。现在大家都认识到了大数据的价值，但一旦应用大数据，数据就会以指数级甚至更快的速度增长。这个增长速度在图 3-3 所示的云计算环境 1 和云计算环境 2[1] 中数据所占用的服务器数量曲线图中可见一斑。

[1] 云计算环境 1 和云计算环境 2 是阿里巴巴数据公共层建设前及建设后的云环境（开源 Hadoop 环境和阿里云自研 ODPS 环境）。在建设阿里巴巴数据公共层时，主要数据在云计算环境 1 中，有部分数据已在云计算环境 2 中，且当时先行启动的阿里巴巴登月项目还在持续将数据从云计算环境 1 平迁到云计算环境 2 中。所以，阿里巴巴数据公共层建设必须争分夺秒，必须在保证不影响当时业务发展的前提下，既要考虑如何将登月项目的大部分数据在建设优化后迁移至云计算环境 2 中，又要考虑部分已经平迁和正在平迁到云计算环境 2 中的数据改造问题和未来的下线问题，还要考虑云计算环境 1 中的数据在未来的下线问题。

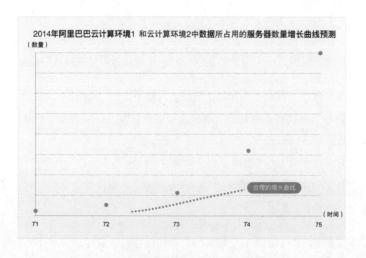

图 3-3 重复建设造成的技术上的不合理消耗

基于此，控制技术上的不合理消耗已经到了刻不容缓的地步。再结合前文所述的各个 ETL 开发团队自建数据体系的现状及对业务造成的困扰，我们认为：有一定抽象的数据仓库中间层模型能缓解业务变化对数据模型的冲击；数据规范定义能有效避免数据的重复计算、存储，降低甚至消除业务人员的困惑；合理的数据生命周期管理能避免数据计算特别是数据存储的浪费……因此，只有建立统一、集中的数据仓库，才能避免重复建设 BU 级数据体系。由此，我们构想并推出了阿里巴巴数据公共层建设项目。

截至 2015 年 3 月底，因为有了阿里巴巴数据公共层，实际节约了至少数亿元的成本。时至今日，尽管已经有效控制了当时存量业务持续产生的数据量，后续快速壮大的增量业务持续产生的数据也得以有效优化和管控，但耗用的服务器总量已经远远超过 2014 年年初的数量。可以预想到，如果没有自上而下的正确决断、行之有效的方法论作为指导，以及自下而上的有效执行，也许在我们还没来得及挖掘出大数据对业务的价值时，业务的利润就已经被消耗殆尽了。这让我回想起一个令人不忍直视的事实：2014 年，在阿里巴巴启动数据登月计划之初，首批数亿元预算很快就面临难以为继的窘境。

2. 未来展望

通过从业务视角和技术视角梳理痛点可以看出，无论是为了减少技术上的成本消耗，还是为了实现数据价值化，都到了必须对大数据进行"云上数据中台"式建设和应用的时刻了！

于是，经过多方讨论并论证，我们对阿里巴巴数据公共层建设做了如图 3-4 所示的设想：将阿里巴巴统一的数据体系严格区分为数据公共层（包含数据基础层和数据中间层）、数据应用层，并在数据体系之上建设统一的数据服务层。

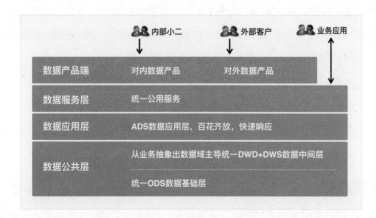

图 3-4　阿里巴巴数据公共层建设设想

下面具体介绍一下我们的设想。

- 阿里巴巴的所有数据应该在源头统一，即统一所有阿里巴巴业务的 ODS 数据基础层，并由一个团队负责和管控，其他团队无权复制数据基础层中的数据。

- 在面向业务提供服务之前，由统一的团队负责从业务中抽象出源于业务而又不同于业务的数据域，再主导统一建设数据中间层，包括侧重明细数据预 JOIN[1] 等处理的 DWD 明细数据中间层、侧重面向应用可复用维度和指标的 DWS 汇总数据中间层。特别是要由唯一负责团队将核心业务数据统一加入数据中间层。允许部分业务数据由独立的数据团队按照统一的 OneData 体系方法论建设数据体系，ODS 数据基础层和 DWD+DWS 数据中间层因其统一性和可复用性，被称为数据公共层。

- 在面向应用提供服务时，业务团队或深入业务线的数据团队有极大的自由度，只要依赖数据公共层，即可自由地建设 ADS 数据应用层。

- 不管是数据公共层还是数据应用层，最终都是要面向业务提供服务的。为了让业务部门找数、看数、用数方便，我们将 OpenAPI 升级为能缓解业务变化对数据模型冲击的包括方法论、数据产品等在内的 OneService 体系，使其在提供统一的公用服务的同时，兼容面向个性化应用的个性化服务。

值得一提的是，在设想阿里巴巴数据公共层建设时，并没有在规划中写明是离线数据建设还是实时数据建设，当时我们认为除人们认知较多且紧迫需要的离线数据建设外，实时数据建设将是大势所趋。事实上，在项目实际落地中，实时数据建设不仅被提上日程，而且在 2015 年的双十一中大放光彩。

同时，我们意识到，光有设想没有方法是不行的。于是，我们将在 1688 和淘系部分领域应用成功的 OneData 体系进行升级，以适应阿里巴巴数据公共层建设的需要。图 3-5 所示的正是在 OneData 体系基础上升级的 OneDataII 体系。通过构建标准的、安全的、服务化的、共享的数据体系，以消除业务之痛和技术之痛。

图 3-5　OneDataII 体系的价值和使命

当然，这只是 OneData 体系方法论在适应阿里巴巴数据公共层建设时的升级适配，随着阿里生态智能大数据体系建设的推进并面向阿里生态内外同时提供赋能服务，OneData 体系方法论也在不断演进，其构建的数据体系也在不断改进和完善。

以上对阿里巴巴数据公共层建设的设想，在当时很多人看来或许只是一个美好的想象，在后面的阿里巴巴数据公共层建设过程中，也必然会遇到很多细节问题。而我们将理论与现实结合并不断调整，最终取得了阿里巴巴数据公共层建设的阶段性胜利。阿里巴巴数据公共层建设的设想及建设过程中的实战经验至今还在指导着正在进行中的阿里生态内智能大数据体系建设及赋能社会的落地思考。

3.1.2　项目计划与组织协同

梳理清楚现状后，问题的症结所在就明确了，解决问题的方法和目标也有了，接下来就是解决问题以通往成功之路。

我们认为解决问题的方法是：一是制订满足"既要""也要""还要"的项目计划；二是组织协同一群人达成一致，从而做成一件大事。

1.　项目计划

阿里巴巴数据公共层建设项目是在代号为登月的项目[1] 启动之后（2014 年 4 月）启动的，目标是以创新性方式完成数据登月。登月项目涉及阿里巴巴几乎所有业务的数据上云，

[1]登月是指将阿里巴巴业务数据从云计算环境 1 中迁移到云计算环境 2 中。

从登月 1 号到 9 号，以及登月 1plus 号和 2plus 号，后来又追加了登月 X1 号到 X12 号，共计 23 个项目。当时，数据量级超大且最关键的登月 2 号已经提前开始，所以，对此时启动的数据公共层建设项目来说，既要处理好与登月项目的关系，也要保证在不影响当时业务发展的前提下，解决业务痛点和技术痛点，还要达成当时业务部门和技术部门可能并没有想到的业务期望、技术期望，也就是说要 "开着飞机换高能引擎"。当时，不仅实现这个 "既要" "也要" "还要" 的目标本身是艰难的，实现目标的时间要求也是倒排的。

虽说实现这个目标难之又难，但这也不是我们第一次遇到挑战，我们没有放弃的习惯！我与初始成立的虚拟小组中的几位同事经过多轮讨论后，制订了如图 3-6 所示的项目计划。

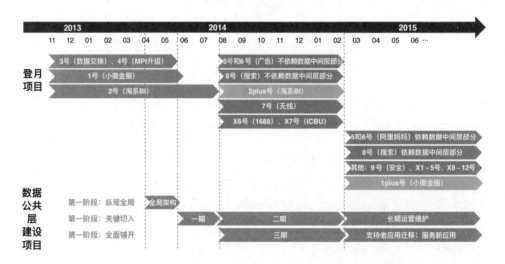

图 3-6 阿里巴巴数据公共层建设之最初制订的全局项目计划缩略图

该项目计划考虑周全，具体包括 8 个方面：确定并坚定项目目标；确定指导性的方法论；确定 "三步走" 的项目执行计划；明确要处理好的关键矛盾；紧盯业务并超越业务满意度；业务和技术 "两手都要抓，两手都要硬"；以产品化思维推进项目；关注预警和加强风险管控。下面分别加以阐述。

（1）确定并坚定项目目标。

我们在不影响业务发展的同时，要在业务上推进数据价值化，在技术上实现降低成本及提高效率。我们得到的关键业务支持是，在不影响支持业务发展基本需求的前提下，可以在过渡期内不支持业务的新需求和不强求促进业务发展。

我们给自己定下的目标是，在技术上实现降低成本及提高效率，并把这个目标作为基本目标，同时提高要求，即同时在业务数据化与数据业务化上追求数据价值。我们认为这是未来技术可持续发展的必然要求，以及数据之于业务终将迎来的分水岭。

（2）确定指导性的方法论。

• OneData 体系方法论：在此之前，OneData 体系方法论已经在 B2B 领域牛刀小试并取得一定成功。我们将其中的经验与阿里巴巴大数据技术及业务现状结合，并进行扩展升级后，将 OneData 体系方法论确定为阿里巴巴数据公共层建设项目中核心的方法论，用于指导构建数据与管理数据。

• OneService 体系方法论：在必要时刻升级发展为 OneService 体系方法论，提供 7×24 小时的无间断、无差异服务，从而助力 OneData 体系方法论直接影响业务，实现价值。

• OneEntity 体系方法论：随着数据建设和服务的发展，我们发现，建设数据体系不仅要以 OneData 体系方法论为指导实现数据统一，还要连接孤岛数据，实现数据融通。于是，OneEntity 体系方法论应运而生。其主张和指导连接孤岛数据，并在实现数据连接后萃取各类标签进行数据画像。

（3）确定"三步走"的项目执行计划。

• 第一阶段，完成全局架构。
• 第二阶段，抓关键业务的数据建设。在所有登月项目中，重点切入与淘系数据相关的登月 2 号和登月 7 号、与 B2B 数据相关的登月 X6 号。
• 第三阶段，全面铺开，逐步推进各个登月项目的数据公共层建设。

（4）明确要处理好的关键矛盾。

我们明确了以下几项要处理的问题：

• 将尽可能多的登月项目的数据以数据公共层的方式迁移（而非平迁）至云计算环境 2 中。
• 对部分已经平迁和正在平迁到云计算环境 2 上的数据进行改造和去重。
• 让云计算环境 1 上的数据在尽可能短的时间内完成下线。
• 说服尽可能多的数据团队及其服务的业务团队支持数据公共层建设，特别是在数据公共层初始化建设与业务发展要求的数据服务之间能够有一定的容忍窗口期。

- 保证在短期内不影响当时业务的发展，并尽可能快地满足业务发展的新需求。

（5）紧盯业务并超越业务满意度。

我们在一个月内完成第一阶段的全局架构工作，并快速启动第二阶段。在第二阶段一期切入关键应用并在两个月内完成数据公共层初始化，第二阶段二期在迁移存量应用的同时支持新需求。

所以，数据公共层建设在被推进仅3个月后就开始服务业务了，远快于当时CCO给出的6个月容忍窗口期。在后面陆续启动的近30个子项目中有不少是直接面向业务应用的，同时，在2014年当年，我们就把服务双十一和双十二作为阶段性业务目标。事实上，一旦业务人员看到实际效果，技术人员感受到技术的进步，数据公共层建设的推进就会由难到易，由慢到快并且越来越快。

（6）业务和技术"两手都要抓，两手都要硬"。

数据技术是阿里巴巴数据公共层建设的内核力量，因此，在建设数据公共层之初，我们将当时需要解决的数据技术分为数据模型、存储治理、数据质量、安全权限、平台运维、研发工具6大数据技术领域，这是从当时需要解决的数据技术中提炼出的虚拟研究领域，如图3-7所示。

图 3-7 阿里巴巴数据公共层建设之初构思的 6 大数据技术领域

各个数据技术领域负责当时阿里巴巴数据公共层建设涉及的关键数据技术，并与当时的相关团队开展密切协作，下面简要介绍一下。

- 数据模型领域：致力于设计并把控全局的数据模型，关注并培养大数据模型师，对数据模型负责，在这期间要与各个数据团队协作。
- 存储治理领域：致力于优化与管理存储，并基于存储治理推进应用迁移，对成本负责，在这期间要与平台工具、平台运维等团队协作。
- 数据质量领域：致力于落实数据质量要求与规范，对数据质量负责，在这期间要与数据质量、测试平台等团队协作。
- 安全权限领域：致力于落实数据安全、权限申请及管理，对安全与权限负责，在这期间要与数据安全团队协作。
- 平台运维领域：致力于落实"起夜家"值班管理制度，跟进并系统性解决问题，降低运维投入和员工起夜率，对平台稳定性负责，在这期间要与平台运维团队协作。
- 研发工具领域：致力于落地数据模型与 ETL 开发工具，对开发效率负责，在这期间要与平台工具团队协作。

在后续的建设过程中，考虑到数据技术发展的阶段性和数据公共层建设所覆盖的业务领域的差异性，为聚焦和完成使命，在一段时间内并存的数据技术领域一般不会超过 6 个。因此，在这些领域中，有一些领域会持续投入，并且至今还在不断研究探索中；有一些领域会被开拓为多个技术领域；也有一些领域会在被攻克之后退出，以让位新的技术领域（在 4.1 节中提到的 6 大数据技术领域就是阿里巴巴云上数据中台在本书出版时最新的数据技术领域）。

（7）以产品化思维推进项目。

阿里巴巴数据公共层建设过程被视为一个需要长期运营的产品，而非仅仅一个项目，这就要求参与人员必须实际在一起工作，以便全身心投入工作。在未来，当部分人员在具备一定能力后，支持其回归原业务线数据团队中。

（8）关注预警和加强风险管控。

其实，在制订项目计划之初，我们已经预知了一些风险，不过我们并没有因此而退缩，反而因为"知道自己不知道"而庆幸和加强自我要求。我们也设法寻求一些高层管理者的帮助，并提前采取了不少保障措施，甚至直接设立专项并由专人负责推进。图 3-8 所示的是当时制定的阿里巴巴数据公共层建设风险管控跟踪表。

序号	风险描述	程度	保障措施	阶段性状态（举例）
1	数据公共层建设工作量大、任务重，且具有长期性	高↑	①实体团队负责和长期运作 ②从ODS数据基础层管控以杜绝重复生产	风险进一步提高： ①2014年4月份实际只有两周半时间做全局架构 ②团队沟通耗时太多，实际到位人员与计划相距甚远
2	ODPS已有登月计划且启动登月项目平迁数据	高	以公共层建设方式完成登月计划	登月项目看重时间点，偏向平迁后改造，导致与登月项目各个子项目的项目经理的沟通成本增加
3	现有使用数据的业务方对数据公共层建设的等待和适应需要一个周期	高↑	①允许短期内的业务支持度下降 ②确保公共层建设中的云计算环境1可用，支持因迁移需要的适当机器扩容 ③提供接口调用、文件同步、SQL查询、可视化查看等多种服务方式，提升数据公共层的用户体验 ④以淘宝海外数据公共层的数据为例，快速支持数据应用层及应用展示	以淘宝海外数据公共层的数据为例，快速支持其实现应用层及应用展示，效果不错，增加了业务人员的信心，从而降低了风险
4	数据规范定义和数据模型设计的体系化要求，需要专业人才和工具保障	高	①制定规则和工作流，完善OneData体系数据规范定义，同时以工具化保障OneData体系工作流 ②数据产品经理和数据模型师培养，输出多名具有建模思想和建模能力，同时熟悉业务的人员 ③公共层可以稳定支持业务后，定期安排数据模型师和ETL研发人员深入业务以更新对源系统和业务的认知	将OneDataI体系升级至OneDataII体系并进行一系列分享

图 3-8 阿里巴巴数据公共层建设风险管控跟踪表

2. 组织协同

与项目计划相匹配的可持续发展的组织协同计划要求，一个实体存在的数据公共层建设团队负责整体项目，以及协同若干面向各业务的数据应用团队虚线加入项目组。我们希望在阿里巴巴数据公共层大规模建设阶段，从面向各业务的数据应用团队中抽调部分人员加入阿里巴巴数据公共层建设项目组，而在实现阶段性建设成果后，实体存在的数据公共层建设团队可以在助力数据应用团队的同时，实现人才输出。图 3-9 所示的是当时阿里巴巴数据公共层建设的组织协同计划。

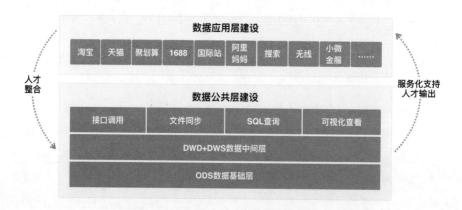

图 3-9 阿里巴巴数据公共层建设之组织协同计划

当时，我所在的实体团队不足 50 人，要在不影响服务小二和服务商家的情况下，承担起建设阿里巴巴数据公共层的重任。很多数据模型师和 ETL 研发人员都是身兼多职，既要承担数据公共层的模型设计与开发任务，又要对接业务线的数据应用层模型设计与开发，还要在过渡时期背负沉重的历史包袱和做大量临时取数、业务咨询等工作；很多数据产品经理也身兼多职，既要对接业务线的数据应用需求或者商家端数据产品的规划、设计，又要深入数据底层，梳理数据和进行数据规范定义。

虽然，初期实线和虚线加入项目组负责全局架构的兼职人员仅有 18 人，但就是这些兼职的"十八罗汉"，在一个月内进行了现状梳理工作，并完成了全局架构，其中包括以下几项工作。

- 制订 ODS 数据基础层接管计划并全面接管 ODS 数据基础层。
- 升级阿里巴巴 OneData 体系，特别关注将来要搭建的阿里巴巴数据公共层的数据模型架构及边界。
- 完成业务数据架构。
- 评估阿里巴巴公共层建设工作量并制订项目计划，以及确定后续人员。

随着阿里巴巴高层管理者给予组织保障、技术人员的感同身受和业务人员的成效感知，实线汇报和虚线协同的人员越来越多。我们的大团队正式更名为"公共数据平台及产品部"，我们的组织架构随之调整，除面向业务服务的数据产品部外，还将 K 部、A 部、C 部、O 部、Z 部这五个部门组成公共数据平台，如图 3-10 所示。

图 3-10　阿里巴巴数据公共层建设时期实线团队的组织架构

K部、A部、C部、O部、Z部这五个部门之间既互相支持、依赖，又互相监督、要求，在当时非常有效地推动了阿里巴巴数据公共层的建设和应用进程。下面具体看一下各团队职责分工。

- 在离线数据处理上，K部负责统一ODS数据基础层和DWD明细数据中间层，A部、C部、O部、Z部这四个部门各有分工且同时负责DWS汇总数据中间层和面向应用的ADS数据应用层。
- 在实时流计算数据处理技术上，O部延续着从服务1688业务开始就在进行的垂直领域探索工作。
- 在执行全局规划的数据技术领域上，A部主导"存储治理"和"安全权限"数据技术领域，K部主导"数据模型""数据质量"和"研发工具"数据技术领域，Z部主导"平台运维"数据技术领域。

[1] 在阿里巴巴，每一个财年的计算周期是上一年的4月1日到当年的3月31日，例如2015财年是从2014年4月1日到2015年3月31日。

及至2015财年[1]年底（即2015年3月31日），当第二阶段二期项目完成时，有不少虚线团队或虚线参与人员实线加入了公共数据平台及产品部。同时，我们对不少虚线团队进行了能力输出，也帮助不少回到原团队的虚线参与人员提升了能力。

3.1.3 实际落地与项目总结

在阿里巴巴数据公共层建设中，我们制订了三个阶段的项目执行计划，这三个阶段相辅相成，并取得了创造性的成果。

1. 第一阶段，完成全局架构

在启动阿里巴巴数据公共层建设项目之初，我们在第一时间就制订全局架构计划，因为"每一分钟都可能意味着成本以几何级数增长"和"业务人员的耐心在等待中被一点点消磨"，可用时间非常有限，我们最终只用了一个月时间即完成了全局架构并得到较大程度的认可。

对于全局架构工作，如图3-11所示，从一开始我们的要求就是能全局指导后续工作，同时具有一定的前瞻性、可持续性和可扩展性，具体来说，包括以下四个方面。

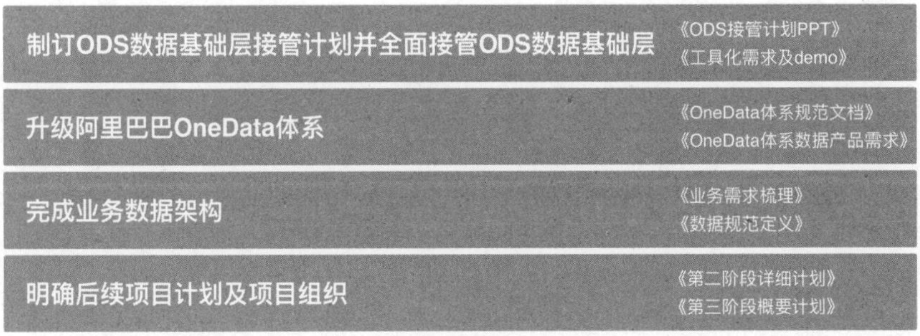

制订ODS数据基础层接管计划并全面接管ODS数据基础层	《ODS接管计划PPT》 《工具化需求及demo》
升级阿里巴巴OneData体系	《OneData体系规范文档》 《OneData体系数据产品需求》
完成业务数据架构	《业务需求梳理》 《数据规范定义》
明确后续项目计划及项目组织	《第二阶段详细计划》 《第三阶段概要计划》

图 3-11　阿里巴巴数据公共层建设第一阶段工作计划

（1）制订 ODS 数据基础层接管计划并全面接管 ODS 数据基础层。

制订 ODS 数据基础层接管计划并全面接管 ODS 数据基础层，在当时看来是一件很可能吃力不讨好的事情，并且不是一般吃力，在技术上也没有挑战和成长空间，更多的是烦琐的工作。但接管了 ODS 数据基础层，则意味着控制住了数据建设的源头，这样才能尽最大可能从源头防止重复建设数据体系的现象。

因此，在第一阶段完成全局架构之后，我们已经基本建成了阿里巴巴统一的 ODS 数据基础层，且包含离线数据基础层和实时数据基础层。

（2）升级阿里巴巴 OneData 体系。

OneData 体系已经在 2012 年的 1688 数据公共层建设中验证了是成功的，但当面对整个阿里巴巴及不同业态的不同业务要求、不同数据建设程度、不同人才储备情况等时，对 OneData 体系务必做较大的改造升级才能适应这些情况。特别是由于整个阿里巴巴的业务复杂性和数据复杂性，要求我们在 OneData 体系中明确界定阿里巴巴数据公共层的数据模型架构及边界。

经过整个阿里巴巴数据团队的多轮讨论，我们将 OneData 体系升级至 OneDataII，其中最关键的升级是，制定关于数据规范定义、数据模型设计、ETL 开发规范三大核心环节的方法论大纲并输出执行细则，包括《OneData 体系规范．阿里巴巴数据公共层建设——数据规范定义》《OneData 体系规范．阿里巴巴数据公共层建设——数据模型设计》《OneData 体系规范．阿里巴巴数据公共层建设——ETL 开发规范》，如图 3-12 所示。我们尽可能地将方法论大纲和执行细则落地在一整套研发工具中，因为再好的规范、再强的口头约定都不如沉淀在工具中靠谱。

图 3-12 阿里巴巴数据公共层建设时期 OneDataII 体系的关键升级

（3）完成业务数据架构。

从源头控制住所有数据，并且也确定了未来如何建设和管理数据的方法论，那么我们所要面对的实际处理对象是什么样的？如何架构才能同时解决业务上的困扰和技术上的不合理消耗问题，并且具有前瞻性、可持续性和可扩展性？

这就要求我们必须对业务及业务数据进行充分盘点、分析和认知。但是，如果对所有业务都同时进行盘点，不仅耗时长且难以深入，而且不具有可行性。于是，按照"二八原则"，我们对关键业务及其关键数据进行第一批盘点，并从业务视角和技术视角同时进行盘点和融汇。

如图 3-13 所示，这是以当时登月 2 号对应的淘系数据为例，基于数据梳理的业务数据架构过程。一方面，从业务视角出发，优先考虑当时的淘系数据门户淘数据里产出的两类报表，共计 4100 多张，同时兼顾数据回流 2000 多条、数据产品对应的数据表若干张；另一方面，从技术视角出发，梳理了 ODS 数据基础层关键数据清单和云计算环境 1 中的淘系 TOP400 热表，两者合并去重的结果是累计得到两万多个指标。

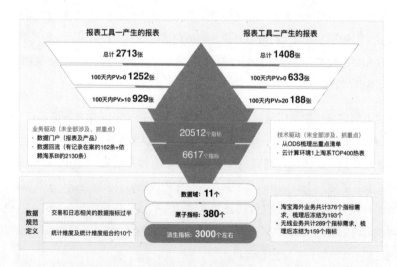

图 3-13 阿里巴巴数据公共层建设以淘系数据为切入点的业务数据架构过程

这其实是一个非常可怕的数据，因为这仅仅是淘系业务的关键数据，但更可怕的是，我们结合业务方的使用情况，如近 100 天内的使用次数和技术上的引用热度，进行多轮筛选，发现最终只需要保留 6600 多个指标即可满足和保障当时的业务需求，其他 1.4 万多个指标，一部分可以直接下线，另一部分可以在后续数据公共层建成并切换后下线。

此时，最重要的是，在这些盘点、分析和认知的基础上，进一步做好数据规范定义工作。

在前述方法论大纲和执行细则的基础上，我们经过充分讨论，同时增补了一些淘宝海外业务和无线业务的新的数据需求，抽象出 11 个数据域、380 个原子指标，并生成 3000 个左右的派生指标。关于数据规范定义、数据域、原子指标、派生指标等概念，在 3.2.2 节中会详述。这里要说明的是，经过重复性盘点、实用性分析、业务逻辑认知和数据规范定义后，我们大致可以将支撑起整个淘系业务发展的关键指标从两万多个压缩为 3000 个左右。

当时，对于淘系数据，从业务视角和技术视角的梳理及在此基础上的架构不仅是第二阶段数据建设的重要初始化输入，更奠定了未来阿里巴巴数据公共层建设的基石，即它们是首批按照升级后的 OneData 体系的核心环节——数据规范定义、数据模型设计、ETL 开发规范的方法论大纲和执行细则严格执行的，第二阶段原定项目计划中的项目及建设过程中增设的项目都是在此范例下执行的，而第三阶段及后续的阿里巴巴数据公共层建设更是在此基础上不断完善的。

（4）明确后续项目计划及项目组织。

前面提到，初始成立的虚拟小组经多轮讨论后，制订了概要项目计划，受限于当时的不够深入和时间要求，其终究只是一个表达组织的目标期望及时间要求与团队必拿结果的决心之间关系的概要计划。单就其中"开着飞机换高能引擎"的组织期望和"倒排"的时间要求来看，就意味着在具体执行过程中，为了达成目标，要确定完成的时间和达成的期望结果，具体如何在有限的时间内达成目标，则要靠团队的智慧和百折不挠的决心。

"千里之行，始于足下。"只有一腔热血是远远不够的，在具体执行计划时，还是要分工明确、具体且可考量。因此，在第一阶段中，一项重要的工作就是明确后续项目计划及执行项目计划的项目组织。在完成第一阶段的"制订 ODS 数据基础层接管计划并全面接管 ODS 数据基础层""升级阿里巴巴 OneData 体系""完成业务数据架构"之后，明确后续项目计划及项目组织，项目才具备了长期可行性。

- 第二阶段详细计划：分两期，一期于 2014 年 6 月底前完成淘系与无线业务数据的初始化，二期于 2014 年 12 月底前完成应用迁移。
- 第三阶段概要计划：分两期，三期推进 B2B、广告（部分）、小微金服（待定）数据初始化，四期进行应用迁移。

尽管在当时我们已经非常仔细考虑了第一阶段的后续项目计划及项目组织，但在实际落地时还是有不少调整，不过可喜的是，这些调整大多带来了积极向上的变化。

2. 第二阶段，抓关键业务的数据建设

基于第一阶段后期制订的第二阶段详细计划，第二阶段具体分为一期和二期。

一期，主要是将第一阶段业务数据架构输出的大约 3000 个核心指标落地到实际代码中。如前文所述，这些指标是对两万多个大致可以支撑起整个淘系业务发展的关键指标进行压缩后得到的，也可谓是整个阿里巴巴数据公共层建设的初始化，即在第一阶段实现的 ODS 数据基础层之上，初始化建设数据中间层，包括 DWD 明细数据中间层和 DWS 汇总数据中间层。

二期，进一步丰富和完善阿里巴巴 DWD+DWS 数据中间层，同时"建以致用"，即开始构建 ADS 数据应用层，并切换老应用，支持新应用。

因此，在第一阶段基本建成阿里巴巴 ODS 数据基础层之后，在第二阶段一期尝试性初始化了阿里巴巴 DWD+DWS 数据中间层。之后，我们在技术、方法论和业务推进上都多了底气和多方的信赖，于是，在第二阶段二期中，我们将整个二期项目拆分为 12 个子项目 [1]，如图 3-14 所示。其中包括 4 个方向：7 个离线数据公共层（ODS 数据基础层，DWD+DWS 数据中间层）建设子项目、3 个离线数据公共层面向应用的建设（ADS 数据应用层 + 报表 + 产品）子项目、1 个数据技术领域专项（即从"存储治理"领域扩展到"资源治理"领域，再推进到"数据资产管理"领域）、1 个技术探索专项（实时数据公共层建设专项）。

[1] 这里及后文提及的子项目名，如小微金服依赖淘系数据重构项目、淘系数据基础层治理项目等，均为在阿里巴巴内部使用的项目代号，不涉及对外商业用途。

图 3-14 阿里巴巴数据公共层建设第二阶段二期项目计划

（1）第一个方向，7 个离线数据公共层（ODS 数据基础层，DWD+DWS 数据中间层）建设子项目。

其中，排在第一位的是淘系数据基础层治理项目。因为该项目是阿里巴巴数据公共层建设的源头，从 ODS 数据基础层出发（核心是针对当时数据量最大、问题最严重的淘系基础数据，当时称作 TBODS），在全盘接手 ODS 数据基础层之后展开深度治理。其目标是降低 ODS 数据基础层的存储和计算资源的消耗，提高数据监控管理的力度，并实现 ODS 数据基础层的存储和计算成本可控。

在此之上，同步进行的两个项目是日志数据公共层建设项目和小微金服依赖淘系数据重构项目。日志数据公共层建设项目在阿里巴巴数据公共层建设的基础上，进一步建设日志流量模型，是在数据公共层基础之上的丰富和深化；小微金服依赖淘系数据重构项目的核心目标是解决当时小微金服所依赖的淘系数据重复建设问题，即当时要复制一份小微金服业务需要的淘系数据到小微金服的数据体系中，我们要做的是，使小微金服的数据体系依赖阿里巴巴数据公共层的数据，是复用而非复制。

除以上 3 个解决主要问题的项目外，其他 4 个项目介绍如下。

在阿里巴巴数据公共层中，与淘系数据初始化建设密切相关的有：聚划算数据中间层建设项目（专注聚划算业务数据中间层建设）、搜索数据中间层建设项目（专注搜索业务数据中间层建设）、航旅数据中间层建设项目（专注航旅数据中间层建设）。

与淘系数据关系较弱的 1688，也同步启动了 1688 数据公共层与数据应用层建设项目。因为 1688 数据已经在 2012 年作为 OneData 体系探索中第一个"吃螃蟹"者，所以，1688 数据公共层与数据应用层建设项目进展较为顺利。

（2）第二个方向，3 个离线数据公共层面向应用的建设（ADS 数据应用层 + 报表 + 产品）子项目。

第一个方向中的 7 个子项目专注于建设离线数据公共层，而应用才是数据的直接目标，因此，我们同步启动了 3 个基于离线数据公共层建设的数据应用层及数据应用建设子项目，其中：

• 面向应用服务的数据宽表建设项目：基于阿里巴巴数据公共层，向各个业务部门提供方便、快捷的数据服务，让数据消费变得唾手可得。

• 阿里经营关键数据建设项目：基于阿里巴巴数据公共层，统一对内、对外获取数据的口径，提供 COO 重点关注的指标。

• 核心运营数据与行业数据建设项目：基于阿里巴巴数据公共层，迁移云计算环境 1 上的核心运营报表，同时整合行业数据，完成并完善产品。

（3）第三个方向，1 个数据技术领域专项（最初叫"存储治理"数据技术领域，后来扩展到"资源治理"数据技术领域，再推进到"数据资产管理"数据技术领域）。

在制订项目计划之初，我们排除千难万难，筹备和建立了"数据模型""存储治理""数据质量""安全权限""平台运维""研发工具"6 大数据技术领域，并不断开拓发展。同时，我们不希望这些数据技术领域形同虚设。

因此，在第二阶段二期项目建设计划中，我们将当时带来成本困扰的"存储治理"数据技术领域成立了一个数据技术领域专项。

超出我们期望的是，当时不仅在存储治理方面节约了成本，更在计算治理方面实现了优化和提升，并扩展到包括计算治理和存储治理在内的"资源治理"数据技术领域。之后，我们从技术和业务双视角而非纯技术视角出发进行资源治理，看到了从业务视角出发对数据及数据应用等进行分析带来的不一样的价值。数据不应该是成本，而应该是资产，是有价值及可以带来价值的资产。于是，在一系列实战和构建方法论的过程中，我们将"资源治理"数据技术领域推进到"数据资产管理"数据技术领域，这在 3.3 节中会详述。

在当时第二阶段二期项目建设计划中未涉及的其他 5 个数据技术领域的走向如何呢？

● 和数据公共层建设的每一行代码都密切相关的"数据模型"数据技术领域，直接融入各个子项目中，并且它们相得益彰。及至今天，我们的数据建模能力都是非常值得我们骄傲的，我们的大数据模型师都是业界难得的，我们重点设计的数据模型都是足够稳健和极具扩展性的。

● "平台运维"数据技术领域在阿里巴巴数据公共层项目组内由专人主导推进，这在当时至少有效地保障了阿里巴巴数据公共层项目建设，特别是面向应用的各类服务，如当年双十一的高压场景数据应用。

● "安全权限""数据质量""研发工具"数据技术领域以协同相关团队建设的方式在推进，但因为缺乏真实的数据应用场景压力测试，以及缺乏明确的定性、定量的目标，在我看来，事实上这些数据技术领域的建设是不成功的。

所以，为了保障阿里巴巴数据公共层建设的质量，我们后续做了如下工作。

● 追加设立质量管理技术专项，即设立质量管理项目。

● "安全权限"数据技术领域更多的是在"控"和"堵"。所谓"控"，主要体现在控制权限分级及对应的审批流程；所谓"堵"，主要体现在制定百密无一疏的隐私安全禁令，这在当时甚至今日都是卓有成效的，但从长远来看，其中还有不少探索、提升的空间。

● 因为研发工具长期不能满足阿里巴巴数据公共层建设的节奏和需求，项目组人员苦不堪言，只能长期以"半工具半人工"的方式推进项目建设。所以，我从 2016 年回归工作岗位后，立志要做好一个大数据构建与管理的 PaaS 产品，这也是 Dataphin 诞生的使命之一（在 5.2.1 节会介绍阿里巴巴云上数据中台核心产品 Dataphin）。

（4）第四个方向，1 个技术探索专项（实时数据公共层建设专项）。

我们在初期规划阿里巴巴数据公共层建设时，虽然实时数据建设是大势所趋，但因为当时时间紧、任务重，并且在技术上面临的挑战颇多，所以在没有十分把握时，我们没有向上级和业务部门做出明确的承诺。

但实时数据建设能给业务带来更大的应用空间并且是大势所趋，我们终究按捺不住心中的冲动，设法预留了一块用于探索技术的"自留地"。在第二阶段一期的项目初始化之后，我们对阿里巴巴数据公共层建设越来越充满信心。与此同时，经过"自留地"里的技术人员在实时流计算方面的不懈努力，在第二阶段二期的详细项目计划中，我们坚定地启动了实时数据公共层建设专项计划。

结果超出我们的预期，在当年的双十一及紧随其后的双十二期间，实时流计算技术大放光彩。

3. 第一阶段和第二阶段项目总结

在阿里巴巴数据公共层建设"三步走"项目计划中，第三阶段"全面铺开"是指持续地建设和发展阿里巴巴数据公共层，而第一阶段"全局架构"和第二阶段"抓关键业务的数据建设"是决定整个项目成败的重要阶段。也就是说，如果第一阶段失败，则开始第二阶段的可能性就会大大降低，或者说，即使开始第二阶段，也会让我们的支持者们信心不足。而如果第二阶段失败，则除无法验证第一阶段"全局架构"的指导意义外，更使后续的第三阶段"全面铺开"缺乏学习范例与实战依据。因此，在整个数据公共层建设项目中，我全身心投入的也是第一阶段和第二阶段。

在阿里巴巴，我们常说："为结果买单，为过程鼓掌"。下面我从落地过程和产生结果两方面来总结第一阶段和第二阶段项目。

（1）落地过程。

图 3-15 所示为从 2015 财年年初（2014 年 4 月 8 日）至 2015 财年年底（2015 年 3 月 31 日），阿里巴巴数据公共层建设第一阶段和第二阶段的落地情况。除支持日常业务外，我们通过不懈努力建设完成了 18 个子项目、6 个数据技术领域。除当时我们核心服务的淘系业务和 1688 业务外，涉及或影响到阿里巴巴的 8 个 BU/ 业务。

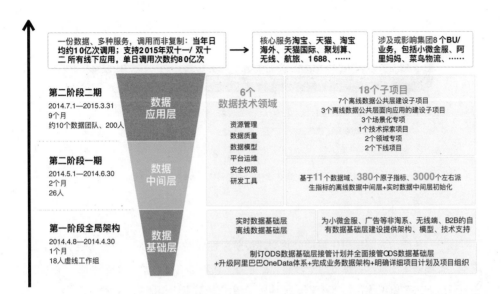

图 3-15 阿里巴巴数据公共层建设第一阶段和第二阶段的落地实况

- 与原定项目计划相比，在项目实际落地中，子项目有了不少的扩展。这是因为随着阿里巴巴数据公共层建设项目的深入推进及参与合作共建的团队越来越多，阿里巴巴数据公共层建设项目比预期更受认可，随之而来的就是他们主动、自发地加盟并启动了更多子项目（含领域建设子项目）。

- 关于阿里巴巴数据公共层建设第一阶段和第二阶段原定计划与实际落地情况的对比如图 3-16 所示。

数据公共层建设·18个子项目、6个数据技术领域（以下橙色文字为比原定项目计划增设部分）

- 7个离线数据公共层（ODS数据基础层，DWD+DWS数据中间层）建设子项目：淘系数据基础层治理项目，日志数据公共层建设项目，小微金服依赖淘系数据重构项目，聚划算数据中间层建设项目，搜索数据中间层建设项目，航旅数据中间层建设项目，1688数据公共层与数据应用层建设项目
- 3个离线数据公共层面向应用的建设（ADS数据应用层+报表+产品）子项目：面向应用服务的数据宽表建设项目，阿里经营关键数据建设项目，核心运营数据与行业数据建设项目
- 3个场景化专项：作战双十一专项，作战双十二专项，无线数据建设专项
- 1个技术探索专项：实时数据公共层建设专项
- 2个领域专项：资源管理专项，数据质量专项
- 2个下线专项：蚂蚁搬家专项，报表整合下线专项
- 6个数据技术领域：资源管理，数据质量，数据模型，平台运维，安全权限，研发工具

图 3-16 阿里巴巴数据公共层建设第一阶段和二阶段原定计划与落地情况对比

- 关于参与共建的数据团队，除当时我所在的实线团队核心服务的淘系和1688业务外，还吸引了不少团队深度参与，同时我们也协助了一些团队参与共建，如图3-17所示。

> **数据公共层建设·8个合作/共建的BU/业务**（除当时我所在实线团队核心服务的淘系和1688外）
>
> · 深度参与：AE，Sourcing，阿里云&OS&数字娱乐，集团客服
> · 部分协助：小微金服，菜鸟物流，广告，集团安全

图 3-17 阿里巴巴数据公共层建设服务和影响到的团队

（2）产出结果。

图 3-18 所示为阿里巴巴数据公共层建设阶段性成果：一方面，在技术上实现了降低成本、提高效率的基本目标；另一方面，在业务上实现了直接将数据价值变现，与此同时，还意外地促进了组织优化。2015 年 12 月，阿里巴巴数据中台团队正式成立。

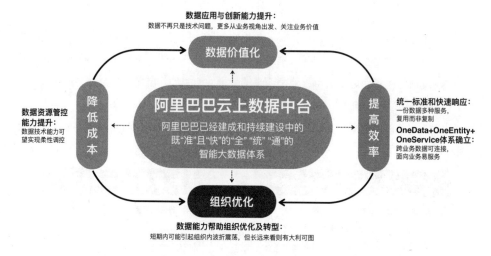

图 3-18 阿里巴巴云上数据中台建设阶段性战果及价值表述

那么，阿里巴巴数据公共层建设在降低成本、提高效率，将数据价值化和优化组织方面，到底取得了哪些成果呢？

- 技术上——降低成本：关于成本的降低，在当时主要是指降低数据计算成本与数据存储成本，当然，还包括降低因为大量重复建设及建设的数据体系不一致等导致的人力成本浪费等。

此时，单就计算资源与存储资源本身而言，仅在 2015 财年，即在阿里巴巴数据公共层建设项目启动后的一年内，批量数据计算总时长减少约 50%，节约计算成本近亿元；批量数据直接下线 / 节约存储空间上百 PB，节约存储成本上亿元。

因为之前的浪费，和此时大幅降低成本之后实现的成本可控，以及计算能力的提升，让我们有了预算上的话语权、技术探索上的可能性和提升技术的热情，因此，实时计算能力在这一年有了很大的飞跃，不仅数据计算能力从小时级走向秒级，处理范围更是从交易数据扩大到日志数据。至于这个飞跃有多大，如果读者稍微了解日志数据的产生原理、其与交易数据的先后依赖关系及数据量级的漏斗关系，再回顾一下 2015 年与实时计算相关的流计算等技术本身的发展及应用到丰富、广阔场景中的可能性，就可以有直观的感受了。

数据管控能力的提升，让我们看到了未来数据技术有可能实现柔性调控，包括计算与存储之间的柔性调控、批量计算与实时计算之间的柔性调控等。

不过，从长远来看，成本并不是最紧要的，更不是唯一紧要的，特别是当综合考虑成本和收益时，人们关注更多的是 ROI，即投入产出比。所以，在云上数据中台的数据技术领域发展过程中，最初的"存储治理"领域（比较纯粹地关注降低成本和控制成本）在此时已经发展为"资源治理"领域（不仅关注降低成本和控制成本，还开始思考数据作为一种资源所具有的价值），而在未来则会发展为"数据资产管理"领域（我们认为不该单一地考虑成本，而是将数据当成一种必须产生价值的资产加以构建与管理）。

- 技术上——提高效率：关于效率的提升，不仅要关注当前，还要关注未来的可持续发展。

一方面，实现了统一标准和快速响应。

当时可以直接看到的效果是，数据公共层实现了一份数据满足多种服务需求，并且是以调用而非复制的方式。在 2015 年 3 月底，数据公共层已经实现同时服务包括淘宝、天猫、淘宝海外、天猫国际、聚划算、1688、AE、菜鸟、航旅等在内的 20 多个 BU，让业务部门得到了统一、标准的数据服务，并且响应速度很快，使其不再需要漫长等待，或者靠"刷脸"、拿"尚方宝剑"等方式来加快获得数据的速度。

这里的一份数据满足多种服务需求，不仅是指一份数据可以服务多个 BU，也是指可以服务不同类型的对象。在当时的阿里巴巴中，有 3 种类型的服务对象：

仅向数据公共层输入数据的服务对象，目前占比较小，主要是外部收购公司，如高德（最新统计数据表明，高德已不仅向公共层输入数据，也开始调用数据）。

仅从公共层消费数据的服务对象，如阿里妈妈等，约占30%。

既向公共层输入数据，也从公共层消费数据的服务对象，如淘宝、天猫、共享业务部、客服部门等，约占60%。

另一方面，则是长远的效果，并且是让我们在当时能直接看到和感受到的效果，可以长期保持甚至能够不断优化的效果，那就是OneData+OneEntity+OneService三大体系的确立，使跨业务数据可连接、面向业务易服务。其中，OneData体系致力于统一数据标准，让数据成为资产而非成本；OneEntity体系致力于统一实体，让数据融通而非以数据孤岛形式存在；OneService体系致力于统一数据服务，实现数据复用而非复制。

- 业务上——数据价值化：关于数据价值化，阿里巴巴主要关注两大方向，即业务数据化与数据业务化。而这其中产生的最大价值则在于通过提升数据应用与创新能力，让越来越多的人，包括技术人员、业务人员、一线员工及高层管理者等，意识到不仅要从技术视角关注数据问题，更要从业务视角出发关注数据发展及数据产生的业务价值。

先来看业务数据化。对阿里巴巴而言，业务数据化集中表现在三个方面，即全局数据监控、数据化运营和将数据植入业务。其强调的不仅仅是阿里小二要实现业务数据化，同时也强调数量非常庞大的阿里商家的业务数据化，而用数据帮助阿里商家实现业务数据化，在某种程度上也算是一种数据业务化（在3.6.2节中会举例并展开详述）。

关于数据业务化，是指数据本身可以成为一种业务模式，阿里巴巴在这个方面做了不少探索，例如阿里金融业务、网上银行业务等。业界关于数据业务化的尝试也非常多，但往往容易陷入卖数据、泄露数据隐私的泥潭中。阿里巴巴对此的态度是非常审慎的，在数据安全，特别是隐私保护方面投入巨大。

- 在客观上促进了组织优化：正所谓"有意栽花花不发，无心插柳柳成荫。"建设数据公共层原本是为了在技术上降低成本、提高效率，没想到其不仅在业务上实现了价值化，更在客观上促成了数据中台团队的形成、发展及外延。

从最初的多个ETL团队之间各自为政，到形成虚拟项目组且不断自发地加盟阿里巴巴数据公共层建设项目，再到数据中台团队实质性存在并最终正式成立，及至阿里巴巴云上数据中台与阿里云全面拥抱，携手推进阿里巴巴数据能力沉淀与赋能，这些都充分说明了阿里巴巴"以事聚人"的魅力，也更充分说明，让数据发挥作用有助于组织优化及转型，即使在短期内可能引起组织震荡，但从长远来看则有大利可图。

4. 可持续发展——第三阶段，全面铺开

在阿里巴巴数据公共层建设第一阶段和第二阶段完成之后，不仅取得了上述成果，更在这过程中培养了人才，加强了数据团队之间及数据团队与业务团队之间的连接和信任。

所以，在第三阶段"全面铺开"中遇到的阻碍很少，相反，还得到很多支持。图 3-19 所示的是 2015 年 5 月 5 日启动的阿里巴巴数据公共建设第三阶段三期项目计划，截止时间为 2015 年 10 月 31 日，为期约半年，目标是通过将数据加工、消费等环节流程化、系统化、工具化，实现阿里巴巴数据公共层精细化管理和可持续发展。

图 3-19 阿里巴巴数据公共层建设第三阶段三期项目计划

在阿里巴巴数据公共层建设第三阶段三期的项目建设中，除 OneData 和 OneService 体系得到大发展外，OneEntity 体系在原来 AID、TCIF 的基础上应运而生。

在此项目结项后不久，即 2015 年 12 月 7 日，事实上已经存在的数据中台部门被宣布正式成立，并马上开始面向阿里生态内全面启动智能大数据体系建设。从此，我们便进

入了云上数据中台顶层设计的升华期（2015.12—2016.6）。在此之后，包括阿里生态内的优酷土豆云上数据中台体系建设、高德云上数据中台体系建设、Lazada 云上数据中台体系建设等相继展开。

从阿里巴巴数据公共层建设第三阶段开始，我就不再主导阿里巴巴数据公共层建设了，而是由幕后支援和赋能团队中其他有干劲、想挑战的人员继续负责。直到 2017 年 9 月，我和我的"梦想战友"再次开始自我革命和开疆拓土，思考如何将阿里巴巴大数据能力输出到阿里生态外，于是，我们开始了 DT 上云和赋能阿里生态外各行业的历程。

3.2 从零散的数据到统一的数据

单就阿里巴巴大数据建设进程来看，"烟囱式"开发必然会造成项目进度的延误和技术资源的浪费。对此，阿里巴巴数据公共层的远景目标是可持续地建设阿里巴巴智能大数据体系，但当时直接要达成的目标是解决问题，让业务人员和技术人员都满意。就云上数据中台从业务视角建设的既"准"且"快"的"全""统""通"的智能大数据体系而言，在"从零散的数据到统一的数据"过程中，其主要贡献在于"准""快""统"，也会影响到"全"和"通"。其中发挥至关重要作用的是 OneData 体系，特别是其中的方法论。

3.2.1 "烟囱式"开发造成业务困扰和技术浪费

在 2014 年以前，阿里巴巴大数据建设处于"烟囱式"开发状态，数据不标准、不规范、不统一、未打通、服务化不足，且陷入成本中心的深渊等，这些直接导致了业务上的困扰不堪、技术上的资源浪费，且难以追求极致性。

1. 一根关键的导火索

为什么会有云上数据中台？阿里巴巴云上数据中台不是凭空出现的，是有历史渊源的，更是由一根关键的导火索引发的。这根导火索就是在大数据发展突飞猛进和业务诉求不断提高过程中，数据处理产生的成本和价值博弈问题。图 3-20 所示为 2014 年阿里巴巴各个数据团队建设的数据任务在云计算环境 1 上的关系图。

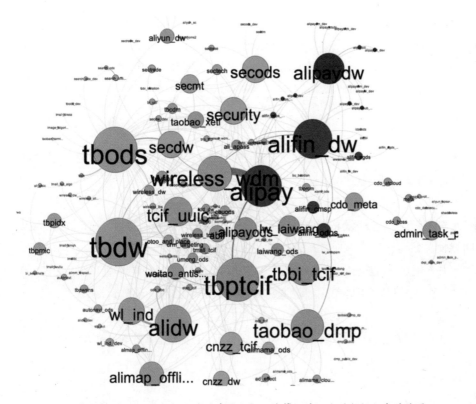

图 3-20　阿里巴巴数据公共层建设之初云计算环境 1 上的数据任务关系图

图 3-20 中的每个圆形代表着一条业务线的数据任务集合，任意两个圆形之间的连线代表两者之间的引用关系，由此可见：

- 数据处理流向是混乱的、无方向性的。
- 数据管理是无序的，基本处于失控状态。
- 除了浪费研发人力和计算存储资源，也必然不能满足业务需要。

下面以比较常见的 GMV 指标来举例，当时关于 GMV 有 20 多个指标及定义，例如"最近 1 天下单金额""最近 1 天支付金额""最近 7 天支付金额""最近 30 天支付宝支付金额""最近 30 天支付宝确认收货金额"……这些指标并不是同一个指标，但业务人员看到的都是"GMV"，并且即使是一模一样的名字，一模一样的定义，如果是由不同的数据团队开发的，则数据产出结果也很有可能不同。

每个 ETL 开发团队在支持每条业务线时，由于信息不通畅和"人们往往更容易相信自己的"，于是都基于 ODS 基础数据层的数据去做从零向上开始的"烟囱式"开发。当大家都在这样做时，更加剧了这种恶性循环的状况，即使有团队在自己负责的数据体系内设计了很好的数据模型，对整体数据建设而言也几乎是无意义的。当不同数据团队之间，以及数据上下层之间相互引用时，数据任务就会变成网状的混乱关系。

这种网状的混乱关系，可能会存在如下问题。

- 如果业务人员发现或认为数据质量有问题，那么我们该如何查找原因呢？我们甚至要花费非常多的时间寻找数据源头。
- 如果我们想对数据任务进行优化或下线，就更加无从下手了。
- 即使所有这些技术上的问题都忽略不计，但这种"烟囱式"开发会导致数据开发周期非常长，从而会严重影响业务人员使用数据时的响应速度。
- 任务链冗长、繁杂，计算资源紧张，造成的必然结果是数据时效性不强，如果在今天下午甚至明天才能看到昨天及之前的数据，那还不如不看数据。
- 在 ETL 开发之前，数据即存在指标命名不规范、口径不统一、算法不一致的问题，因此，从一开始数据就存在着不标准、不规范的问题，进而会造成数据不可信。

2. 业务困扰不堪

对于这种网状的混乱关系，先不说在技术上存在人力、机器等各种资源浪费，单从给业务带来的困扰来说，就存在以下三类常见的情况。

（1）高层管理者及其下属看到的数据不一样。

比如，我们的 CEO 和他的下属从不同渠道看到的数据可能不同，而业务部门在向上汇报时也时常陷入这种窘境。曾经的 ETL 研发人员也因此疲于奔命地查找为何会时常发生数据不一致的情况。

（2）各个业务团队之间看到的数据不一样。

例如，在计算 UV 转化率时，在引导过程中用户可能会打开过 A、B、C 等页面，且中间可能会间隔好几天，其中，A 页面是由小 a 负责的，B 页面是由小 b 负责的，C 页面是由小 c 负责的。那么最后这个 UV 应该算是哪个页面的 UV 转化率？也许有人会说这有何难，制定一个计算规则就好了！

但是，在还没有数据公共层之前，各条业务线分别有自己的 ETL 研发人员，该 UV 会被同时计算到小 a、小 b、小 c 的 UV 转化率中。

因此，当我们把各条业务线的数据相加时，计算结果就远远超过真实值了。

（3）商家和小二看到的数据不一样。

曾经我们有多个商家端数据产品，如数据魔方、量子恒道，以及后来的生意参谋。但是，这些商家端数据产品之间的数据时常对不上，当然这个问题的发生不仅是数据产品本身的责任，还有底层数据建设的问题（但我们假设商家看到的数据是一样的）。

另外，小二可以在傻瓜数据平台、淘数据中查看数据，也可以让负责自己所在的业务线的 ETL 研发人员帮助获取数据，甚至还可以自己写一段 SQL 代码获取数据（但我们假设小二看到的数据是一样的）。

在阿里巴巴，如果小二策划了一场运营活动，商家一般都是趋之若鹜地来报名，因为运营活动会带来流量和机会。曾经发生过多起商家投诉事件："为什么参加活动的名单中没有我？我的信用、商品质量、售后力量等数据都达到了小二制定的招商标准，为此我已经提前进行了备货、调班、增加客服等各种准备。"

其实，罪魁祸首就是商家和小二看到的数据不一样！

从以上三类情况中已经不难看出业务中存在的困扰之处了，而造成这些困扰是因为在数据建设上存在不足之处，总结起来，具体表现为以下几点。

- 数据不统一：数据标准规范难（命名不规范、口径不统一、算法不一致），数据任务响应慢，从而导致业务部门产生困扰并引发其不满。
- 数据未打通：各数据团队各自为政，存在严重的数据孤岛现象；数据缺乏融通，数据价值发掘不够，从而导致业务部门看不清数据。
- 成为成本中心且服务化不足：数据无方向性，依赖混乱，数据管理无序、失控，成本化严重，面向应用的服务化投入不足甚至缺失。

3. 技术上浪费且极致性追求难

关于技术上的浪费，主要是指计算存储资源的浪费，但人力资源的浪费也是不容被忽视的，甚至到了一定阶段，人力资源的浪费程度远远大于计算存储资源的浪费。

（1）计算存储资源的浪费。

前面介绍了盘点登月 2 号对应的淘系数据的例子，当时从业务视角和技术视角进行梳理，共得到两万多个指标。

这个结果的可怕之处不仅在于它只是淘系业务中的一部分数据，更在于结合业务方在使用上的表现（如近 100 天内的使用次数等）和技术上的引用热度，经过多轮筛选后发现，最终只需要保留 6600 多个指标即可满足和保障当时的业务需求。而剩下的 1.4 万多个指标，一部分可以直接下线，一部分可以在后续数据公共层建成及切换后下线。

可以想象一下，存在 1.4 万多个重复建设或者无用但难以下线的指标意味着什么？除了给业务应用造成混乱，这些指标还占据着上百 PB 的存储资源，而 1PB 存储资源则综合耗费上百万元。

下面举一个典型的案例。我们在接管所有 ODS 数据基础层后发现，居然同时存在 5 张用户行为日志基础数据表，光这 5 张数据表就占用了数十个 PB 的存储资源！于是，在做各种技术预算时，CFO 会问为什么要加钱，以及为什么要加这么多钱。CTO 会问成本怎么控制，技术怎么提升，以及在成本控制住的前提下技术怎么提升。CFO 会问技术到底为业务提升了什么、改变了什么、创造了什么。

（2）人力资源的浪费。

身在其中不能自已却又深受其苦的，莫过于写代码和"跑"数据的 ETL 研发人员。在当时的"淘数据"团队中，有 17 名新老 ETL 研发人员承担着 1.3 万多个在运行的数据任务，最多者承担着 2000 多个数据任务，其中，越"老"的研发人员背负着越多的历史"包袱"，除维护线上数据任务和继续上线新的数据任务以满足需求外，在他们每天的工作中，有大约 40% 的时间耗费在临时取数和数据咨询上。因为有太多的临时取数和数据咨询需求，很多报表及其任务都不敢下线，即使是已经下线和停用的报表及其任务，只要还能查到，都会有人来咨询，随之而来的就是自上而下刨根究底地查看数据代码。

在这种超负荷工作下，ETL 研发人员变得越来越"稀缺和抢手"，ETL 研发人员半夜三更都在"跑"数据，不仅消耗了计算存储资源，也消耗了人力资源，技术人员的大把时间都花在没完没了的数据查询中了。在这种情况下，ETL 研发人员很难优化任务，更难有机会思考如何为业务赋能。

在计算存储资源浪费与人力资源浪费并存之下，技术人员疲于奔命，更别说追求技术的极致性了。这种"疲于奔命"主要体现在以下三点。

- 研发苦恼："烟囱式"开发周期长、效率低。
- 维护困难：源系统或业务变更不能及时反映到数据上，加之数据不标准、不规范，上线难，下线更难。
- 时效性差：重复建设导致任务链冗长、任务繁多，计算资源紧张；数据批量计算慢，实时性不强且覆盖业务范围窄，即时查询返回结果慢。

3.2.2　数据公共层力求让业务和技术都满意

为直接解决"烟囱式"开发给业务带来的困扰和造成的技术上的浪费，同时可持续地建设阿里巴巴大数据体系，从 2014 年起，我们启动阿里巴巴数据公共层建设项目，并以 OneData 体系特别是其方法论为指导。下面就此展开详述。

1. 升级 OneData 体系以支撑数据公共层建设

造成以上业务痛点和技术痛点的原因，概括起来就是"烟囱式"开发造成的数据不标准、不规范。战国孟轲曰："离娄之明，公输子之巧，不以规矩，不能成方圆。"所以，阿里巴巴云上数据中台建设过程的重要切入点就是以"阿里巴巴数据公共层建设"消除因"烟囱式"开发给业务带来的困扰和造成的技术上的浪费。而方法论则是打开局面和推进项目建设的关键。

对此，我们采用的主要做法是升级 OneData 体系特别是其中的方法论，即结合 OneData 体系方法论在 B2B、淘系部分领域取得的成功经验，并考虑到阿里巴巴大数据技术和业务的现状与需求，将 OneDataI 体系升级到 OneDataII 体系，并将其方法论作为阿里巴巴数据公共层建设和管理的指导方法论（OneData 体系一方面致力于数据标准统一，另一方面追求让数据成为资产而非成本，前者对统一数据是非常有效的，而后者对数据资产化是非常有效的，因此，本节重点讲述的是前者）。图 3-21 所示的为将 OneData 体系升级到 OneDataII 体系的全流程体系化思考。

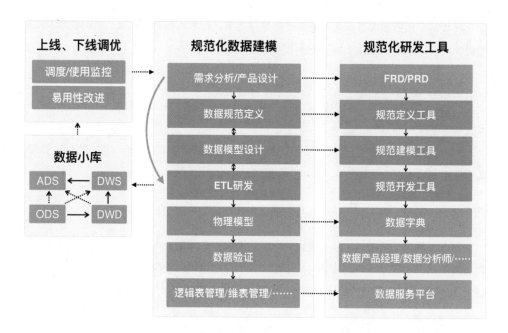

图 3-21 将 OneDataI 体系升级到 OneDataII 体系

升级后的 OneDataII 体系特别是其方法论，在当时的阿里巴巴数据公共层建设项目中是最主要的方法论。OneDataII 体系不仅有方法论，还有规范、工具型数据产品等，具体包括四大部分：规范化数据建模，特别关注数据规范定义、数据模型设计和 ETL 开发等全流程；落地和承载规范化数据建模的规范化研发工具；规范化数据建模产生的所有分层数据模型及其数据被统一在数据小库中；所有的数据在面向应用时都会被监控和调优，且对上线、下线调优监控则会反馈到规范化数据建模中。

这四大部分形成一个有机的闭环。除在 2012 年就已经坚持的"闭环数据建设"外，OneData 体系的关键指导意义和执行点是规范化数据建模，即数据规范定义、数据模型设计和 ETL 开发。在 ETL 开发之前严格要求数据规范定义和数据模型设计，虽有借鉴和部分继承经典数据仓库的做法，但不同于一般意义上的事后"数据字典"[1]和单点"模型设计"[2]。

因为协同数据团队众多、服务业务团队众多，为了快速推进过程中的一致性，在启动阿里巴巴数据公共层建设项目后，我们立即着手升级 OneData 体系。OneDataII 体系制定了数据规范定义、数据模型设计和 ETL 开发规范，其中包括《OneData 体系规范·阿里巴巴数据公共层建设——数据规范定义》《OneData 体系规范·阿里巴巴数据公共层建设——数据模型设计》《OneData 体系规范·阿里巴巴数据公共层建设——ETL 开发规范》。

[1] 在数据已经开发完成之后，为了业务能够读懂而增加的数据整理和标识等工作，以字典方式呈现。其意义更多在于帮助用户理解已有数据的含义和用法，但此时数据已经产生，无法规避二义性等形成的数据使用困扰，且后期维护的人力成本颇高，难以为继。

[2] 经典的数据仓库有很多关于数据模型的做法，其中不乏优美的数据模型设计，但模型设计前无数据规范定义，模型设计后不能确保开发严格按照模型设计进行，为非闭环的单点模型设计。

这些规范会与时俱进地被调优，但大部分内容至今仍具有重要的指导意义，特别是其中的数据规范定义和数据模型设计，它们也因此被保留在从 2016 年开始再次升级的 OneDataIII 体系中。在 OneDdataIII 体系中规避了更多实现中的具体技术问题，增加了很多从半自动化到自动化甚至是智能化的设计，并成为阿里巴巴面向全社会赋能的大数据战略产品矩阵对应的三大体系之一。所以，下面跳过 OneDataII 体系，直接介绍 OneDataIII 体系，如图 3-22 所示。

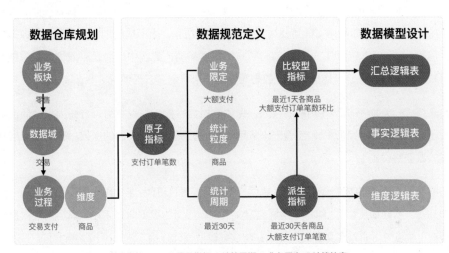

派生指标 *Y* = *f* (@原子指标,@计算周期,@业务限定,@计算粒度)

图 3-22　OneDataIII 体系的设计精华

需要强调的是，这里只讲方法论而不讲具体的技术实现，因为具体的技术实现在 2015 年开始的阿里巴巴数据公共层建设（基于 OneDataII 体系）中与在 2016 年以后 DT 上云的云上数据中台内核 PaaS 产品 Dataphin（基于 OneDataIII 体系的）中有相当大的差异。

下面分别介绍 OneDataIII 体系与 OneDataII 体系相比在方法论层面的继承点与突破点。

（1）升级后的 OneData 体系在方法论层面继承了什么。

• 在数据规范定义中，OneDataIII 体系方法论继承了保障数据唯一性的数据域、业务过程，以及在数据域、业务过程等之下的指标、实体属性等的结构化组装、命名和定义（包括计算规则、逻辑及算法等）。

• 在数据模型设计中，OneDataIII 体系方法论继承了保障模型复用和稳定的数据基础层、数据中间层和数据应用层分层架构设计，以及各层模型设计的核心原则。

• 在 ETL 开发中，OneDataIII 体系方法论继承了各种有益的规范，以及以往 ETL 开发人员所积累的经验。

（2）升级后的 OneData 体系，主要在系统层面的具体技术实现上有所突破，当然也有方法论的升级。

• 将数据仓库规划从数据规范定义中提取出来，作为一个全局概念，强调"按需做规划，未来可扩展"，即根据实际需要规划并构建数据仓库，而不是规划一个大而全的数据仓库。简单来说，没有必要在一开始就将所有的数据都纳入建设中，而是应该优先考虑核心且高频的数据，并充分考虑这一部分数据建设的未来容量需求等情况。

这样，一方面可以节约初期的投入，保障数据仓库核心建设；另一方面因为全局性地考虑了数据仓库规划，所以，随着未来应用场景的扩展和数据应用的深入，也可以扩展到更多的数据建设。

• 将原先割裂的数据规范定义、数据模型设计、ETL 开发连接在一起，以期实现"设计即开发，所建即所得"。即将数据规范定义从工具层面的数据命名（在工具层面仅仅是数据字典）+ 结构化抽象定义合二为一，并与数据模型设计连接，进而直接影响 ETL 开发。

也就是说，当数据规范定义完成之后，每一个指标（因实体属性的定义较为简单且处理方式不同于指标，所以这里仅以指标为例）都可以根据结构化命名规则和计算逻辑快速映射到对应的物理上存在的数据表中。

因此，在理论上，只要某个指标能够被规范定义，针对该指标的代码即可自动化生成（除非该指标复杂到无法被规范定义），而一系列经过规范定义的指标则会根据相同计算粒度，聚集到若干张物理上存在的表中或者逻辑上存在的表中，这样形成的物理表或者逻辑表，其全部代码都可自动化生成。对于中间生成过程则不必关心，因为这是系统内部的智能黑盒要以智能化的方式来解决的。并且从长远来看，智能黑盒不仅要实现代码自动化生成，还要关注自动化生成代码及其任务调度所对应的计算逻辑，特别是从全局来看，这些计算逻辑的性能不能劣于人工做法，甚至要优于人工做法。

• 在系统层面统一规划与设计 OneData、OneEntity、OneService 三大体系，而不仅仅在方法论层面进行统一思考。在 5.2.1 节介绍云上数据中台内核 PaaS 产品

Dataphin 时会详述。

2. 细述 OneData 体系方法论

下面简单介绍一下 OneData 体系方法论中的数据仓库规划、数据规范定义和数据模型设计，同样，这里只涉及方法论，不涉及具体技术实现方法。

（1）第一个关键点——数据仓库规划及数据规范定义。

数据字典可以缓解业务痛点，但只是治标，对技术痛点几乎无用。因此，必须从源头出发，找到可以同时解决业务痛点和技术痛点的方法，而数据仓库规划及数据规范定义就是治本的方法。

数据规范定义是在需求分析或者产品设计完成后进行的工作，后来渐渐被提前到与需求分析或产品设计同时进行。数据规范定义是在开发产品之前，以业务的视角进行数据统一和标准定义，确保计算的口径一致、算法一致，甚至连命名都是规范且统一的，后续的数据模型设计和 ETL 开发都是在此基础上进行的，如图 3-22 的中间部分所示。

那么，数据仓库规划和数据规范定义究竟是怎么实现的呢？

• 首先，我们基于对业务和数据的理解，对数据进行基于业务本身但超越和脱离业务需求限制的抽象。这样的抽象一般不会随着业务团队的组织架构变动而变动，即抽象出业务板块 [1]。例如，在当时的阿里巴巴中，除公共业务板块外，还会划分出如"电商""金融""云业务"等业务板块；在业务板块之下又抽象出数据域，以电商业务板块为例，可抽象出"交易""会员""商品""浏览""搜索""广告""公共"等"不以团队为中心转移"的数据域；在数据域下又抽象出业务过程，例如，对于"交易"数据域，可抽象出"加入购物车""下单""支付""确认收货""申请退款"等，可以在"交易"数据域下抽象出"订单"维度、"买家"维度、"卖家"维度，在"会员"数据域下抽象出"会员"维度，在"商品"数据域下抽象出"商品"维度，在"公共"数据域下抽象出"BU"维度等。

• 其次，基于以上抽象出的业务过程和维度，可进一步定义。①定义原子指标：例如，在"支付"业务过程中可定义"支付订单金额""支付买家数""被支付卖家数"等原子指标，原子指标自带算法、可解读的中英文命名、数据类型等，并会被后续定义的派生指标继承；②定义业务限定：在"支付"业务过程中可定义业务限定，即最终计算派生指标时的一些限制条件，如支付方式是"支付宝""银联"等；③定义计算周期：计算周期是一个非常特

[1] 只有业务丰富度足够大时才需要划分业务板块，以便后续对不同业务板块的数据进行拆分、合并等的管理；如果业务丰富度不够大或者简单说就是业务相对单一则不需要划分业务板块，只需一个公共业务板块即可。

殊的业务限定条件，如"最近 1 天""最近 7 天""最近 30 天"，几乎所有最终面向业务服务的数据都有计算周期这个限制条件，因此，其不归属于任何一个数据域下的任何一个业务过程，需要独立定义；④定义计算粒度：关于维度，如"BU 维度"下会定义出很多维度属性，同时也会产生一些计算粒度，如"天猫""淘宝""聚划算"等。

- 最后，基于原子指标、计算周期、业务限定、计算粒度，可以结构化定义出派生指标，并以继承原子指标的数据类型、算法，以及可解读的中英文命名为主，结合计算周期、业务限定和计算粒度的算法、中英文命名形成派生指标的算法、中英文命名等。假设派生指标是"最近 30 天天猫支付宝支付订单金额"，则原子指标是"支付订单金额"，计算周期是"最近 30 天"，业务限定是"支付宝支付"，计算粒度是"天猫"。如果此时要定义"最近 7 天天猫支付宝支付订单金额"，则只需用同样的方法将"最近 30 天"调整为"最近 7 天"即可快速定义。如果此时存在指标命名一样但结构不同，或者命名不同但结构相同，则系统会校验并给出出错提示。

- 于是，阿里巴巴在 2014 年及以前积累下来的大量指标得到了统一和标准化，如数十个 GMV、UV、转化率等相关指标。

（2）第二个关键点——数据模型设计。

也许有人会说，数据模型设计很早就有啊，经典的数据仓库做法有很多关于数据模型的，关于数据基础层、数据中间层和数据应用层的分层设计也是有很多理论和实战指导的。

对此我从不否认，而且一直非常欣赏和尊重经典的数据仓库的数据模型设计，也一直在借鉴和学习。但是，如果结合实际，从继承与批判的视角来看，是否有可以改进，甚至突破创新之处呢？

这里仅以 2014 年及以前的阿里巴巴真实的状况为例，首先，在数据模型设计中，最能体现数据模型设计之美和数据复用性的数据中间层几乎没有建设或者难以维护；其次，数据基础层更是被严重重复复制，不仅直接耗费了非常多的存储资源，而且在面向应用产生的重复建设中还会间接消耗更多的存储资源；第三，对于相同含义的指标，存在多个团队计算多个，甚至一个团队计算多个的情况，从而造成数据不一致。

为什么明明有数据模型设计及专业人才，但还是出现了这种状况呢？我们又是怎么改进、创新的呢？图 3-23 所示为有了 OneData 体系特别是其方法论之后，我们在数据模型设计方面进行的变革。

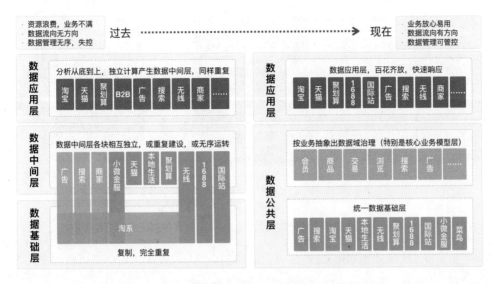

图 3-23　OneData 体系在数据模型设计上的变革

- 在 2014 年以前，阿里巴巴有很多条业务线，如淘宝、天猫、搜索、广告、小微金服等，每条业务线都有服务自己的 ETL 团队，每个 ETL 团队都建设和维护着自己的数据体系。当时许多人认为，这种自下而上的自给自足能够最高效地满足业务需求。也因此，ETL 团队之间缺乏信任，也缺乏最大化互通的可能性。

于是，在数据基础层中，以日志采集数据为例，就同时存在若干份数据：小微金服数据基础层、淘宝数据基础层、广告数据基础层、搜索数据基础层各有一份日志数据，这几份一模一样的日志数据，不仅直接耗费了非常多的存储资源，更重要的是直接扼杀了数据中间层和数据应用层等复用的可能性；对于数据中间层，各个数据团队要么独立建设（却难以长期为继），要么根本没建设；进而，在数据应用层中就出现了数据分析师或者业务小二在利用数据分析业务时从底向上、独立计算、专属应用的情况。

虽然其中有不少 ETL 团队的数据模型做得很好，也维护得不错，可是，整体难以实现绩优。

- 2014 年 4 月，阿里巴巴数据公共层开始建设，我们采用了如下做法。

如图 3-24 所示，首先，数据模型设计建立在数据规范定义的基础上，这就从业务应用或者需求来源端控制了数据模型设计的重要输入源头。其次，对数据模型严格分层，在统一数据公共层的同时允许数据应用层百花齐放。第三，从业务和技术双视角出发，严格要求遵守能达成数据模型设计"高内聚、低耦合"的六项要求。

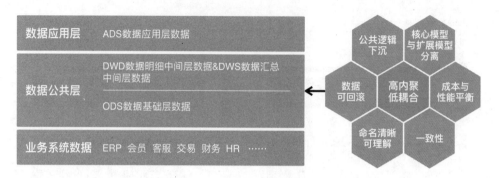

图 3-24 OneData 体系关于数据模型设计的具体做法

下面具体介绍一下我们如何在统一数据公共层的同时允许数据应用层百花齐放。

第一步，统一 ODS 数据基础层，从职责到团队组成，再到权限管控，全部实现统一，以确保数据在业务端产生后进入数据仓库时的落地唯一性。

第二步，基于业务应用或者需求来源端抽象数据域治理，特别关注核心业务模型，通过 DWD 明细数据中间层预 JOIN 处理、DWS 汇总数据中间层沉淀常用统计维度和复用性高的指标，再结合数据技术本身的热度分析和数据应用预估，丰富和完善数据中间层数据建设。

第三步，在建设 ADS 数据应用层时，遵循百花齐放、快速响应的原则。我们要求优先从数据中间层向上整合，以满足业务的应用或需求；如果当前数据中间层不能满足，则快速完善数据中间层；一般来说，不适合沉淀到数据中间层的、非常个性化和定制化的服务，才会在数据应用层新加工生产。在面向应用提供服务时，则会按照组织架构将数据中间层的数据与数据应用层新加工生产的数据合并到一起以方便业务人员查看和使用。在这个过程中，对数据中间层的每一次完善都是一次积累，都会让后续的业务应用或需求方受益，数据中间层就像滚雪球一样，越滚越大，而数据应用层的响应速度也就越来越快了。

例如，公关团队、财务团队都需要查看和使用交易域数据指标，淘宝、天猫、搜索、菜鸟物流等不同的运营团队都需要查看和使用交易域、浏览域、会员域数据指标。而"交易"域、"浏览"域、"会员"域就会在服务这些团队的业务中不断发展壮大，进而可以越来越高效地支撑数据应用层对需求的响应和满足，直接服务这些业务团队的数据应用层也不会因为新加工生产的部分数据而膨胀。同时，主要依赖数据中间层的好处是，指标归拢更有助于实现数据的一致性。这些都让我们可以很轻松地基于数据中间层向上为每个业务团队甚至每个行业的运营快速产出一个数据应用层数据表，并由此快速生成报表或者应用。

在阿里巴巴,"只有变化才是永远不变的",所以我们要拥抱变化。在未来,即使组织架构发生了变化,但包括数据基础层和数据中间层在内的数据公共层依然是相对稳定的,只需要在数据应用层的封装及整合上加以调整和上线、下线即可。当然,也会有很少会发生,却也必然会发生的特殊情况,不适合基于数据中间层建设,则单独"开绿灯"审批通行。这种情况往往适用于算法类应用的预备研发和小业务尚未长大之时,而一旦算法类应用正式上线,以及小业务逐步丰满,则会被迁移至数据中间层并依赖数据中间层。

3. 阿里巴巴数据公共层建设项目案例

前面提到,从 2015 财年年初(2014 年 4 月 8 日)至 2015 财年年底(2015 年 3 月 31 日),阿里巴巴数据公共层建设经历了三个阶段,第一阶段:全局架构暨数据基础层建设;第二阶段一期:数据中间层初始化;第二阶段二期:数据中间层丰富完善与数据应用层建设。下面介绍其中有代表性的项目案例。

第一个,淘系数据基础层治理项目——针对 TBODS(淘宝数据基础层)当时存在的问题进行专项治理,将 TBODS 简化,并制定规范,采取措施持续维护,降低 ODS 数据基础层的存储资源和计算资源的消耗,提高数据监控及管理力度,实现成本可控,具体内容如图 3-25 所示。

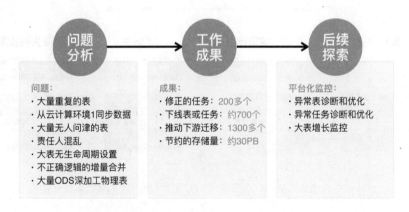

图 3-25　阿里巴巴数据公共层建设之淘系数据基础层治理项目

第二个,日志数据公共层建设项目——基于阿里巴巴数据公共层初始化建设的成功,进一步完善日志流量模型,包含共建无线流量交易引导模型,以及完成流量分析产品的重构与支持新需求,具体内容如图 3-26 所示。

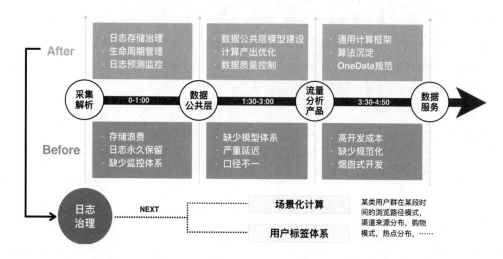

图 3-26 阿里巴巴数据公共层建设之日志数据公共层建设项目

第三个，小微金服依赖淘系数据重构项目——将小微金服依赖的云计算环境 1 上的数据迁移至依赖的云计算环境 2 上的淘系数据公共层中，实现小微金服依赖的阿里巴巴数据公共层的统一性重构，具体内容如图 3-27 所示。

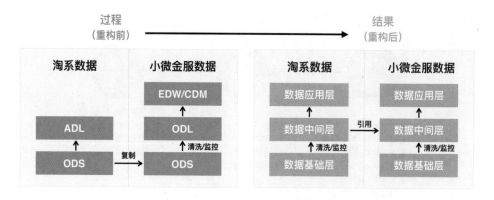

图 3-27 阿里巴巴数据公共层建设之小微金服依赖淘系数据重构项目

第四个，聚划算数据中间层建设项目——基于阿里巴巴数据公共层，规划出聚划算事业部的数据中间层，用于更标准、更快捷地服务聚划算业务，具体内容如图 3-28 所示。

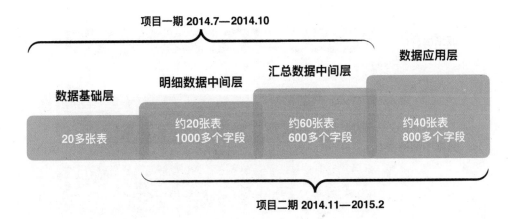

图 3-28 阿里巴巴数据公共层建设之聚划算数据中间层建设项目

　　第五个，搜索数据中间层建设项目——建设淘系主搜索与主客户端搜索数据中间层迁移报表，具体内容如图 3-29 所示。

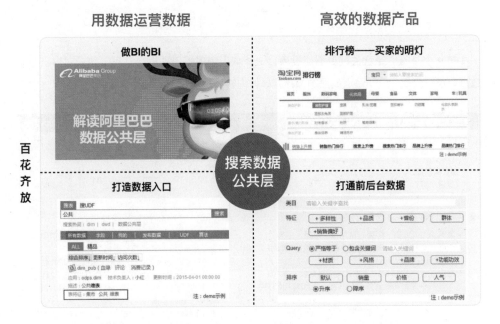

图 3-29 阿里巴巴数据公共层建设之搜索数据中间层建设项目

　　第六个，1688 数据公共层与数据应用层建设项目——基于 1688 的数据公共层与数据应用层登月建设，实现 1688 业务的对内和对外应用，具体内容如图 3-30 所示。

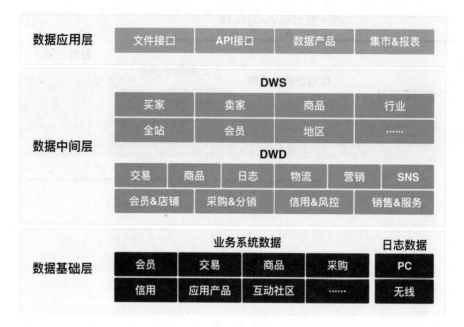

图 3-30 阿里巴巴数据公共层建设之 1688 数据公共层与数据应用层建设项目

第七个，阿里经营关键数据建设项目——基于阿里巴巴数据公共层，统一对内、对外数据口径，提供 COO 重点关注的指标，具体内容如图 3-31 所示。

日期	2015年1月	2014年12月	2014年11月	2014年10月	2014年9月	2014年8月	2014年7月
阿里电商业务日报 （延迟次数）	1	10	15	31	30	31	31
淘宝网日报 （延迟次数）	2	4	5	22	30	31	31

★ 阿里电商业务日报·计算和存储治理
· 覆盖业务：天猫、淘宝、聚划算、航旅、主搜、一淘、海外淘宝、天猫国际、商家业务、1688共计约200个核心业务指标
· 治理进展：2014年10月中开始陆续切换，在2014年12月中全部切换到数据公共层，在2015年3月中下线原数据
· 成效：下线计算任务数约300个、释放存储量约1PB；数据延迟大大减少且可控（承诺9点数据产出）

★ 淘宝网日报升级·计算和存储治理
· 覆盖业务：淘系多个业务线，从7个子报表扩展到14个子报表，约150个核心指标
· 治理进展：2014年10月开始将升级前日报的核心、易延迟数据切换到数据公共层；2015年2月全部切换到数据公共层并升级上线淘宝网日报，2015年3月中下线原数据
· 成效：下线计算任务数约2300个，释放存储量约10PB；数据延迟大大减少且可控（承诺8点半数据产出）

图 3-31 阿里巴巴数据公共层建设之阿里经营关键数据建设项目

第八个，核心运营数据与行业数据建设项目——基于阿里巴巴数据公共层，迁移云计算环境 1 上的核心运营报表，同时整合行业数据，完成并完善服务阿里小二的行业 360 产品，具体内容如图 3-32 所示。

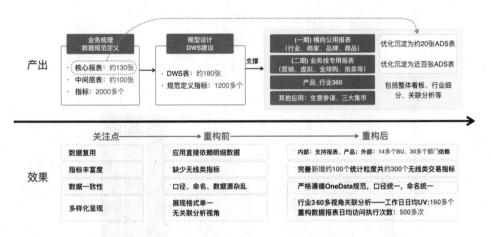

图 3-32　阿里巴巴数据公共层建设之核心运营数据与行业数据建设项目

第九个，无线数据公共层建设专项——在阿里巴巴数据公共层建设第二阶段二期中，应业务部门需要而追加启动的场景化专项，旨在构建统一的无线数据公共层，以顺应"ALL IN 无线"的大潮，具体内容如图 3-33 所示。

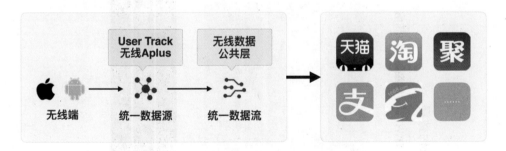

图 3-33　阿里巴巴数据公共层建设之无线数据公共层专项

第十个，实时数据公共层建设专项——在阿里巴巴数据公共层建设第二阶段二期中，应技术部门和业务部门的需求而追加启动的技术探索专项，旨在构建统一的实时数据公共层，以在提升技术的同时提升技术部门的业务体感，特别是客户体感，具体内容如图 3-34 所示。

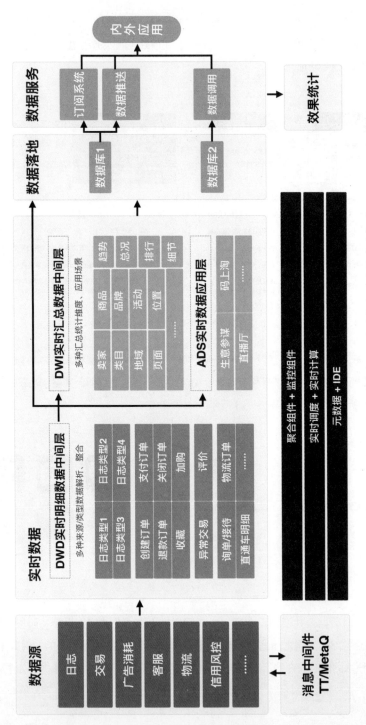

图 3-34 阿里巴巴数据公共层建设之实时数据公共层建设专项

第十一个，蚂蚁搬家项目——在阿里巴巴数据公共层建设第二阶段二期中，为解决在阿里巴巴登月项目与数据公共层建设项目并行推进时存在的重复建设数据体系等历史问题，追加启动的数据下线专项，具体内容如图 3-35 所示。

★ 蚂蚁搬家项目中的几个数字：

6个BU，70个团队，500个应用迁移
历时200天，40名数据研发同学参与
梳理8000多个任务
迁移重构近4000个计算节点
整合重构近2000个消费节点
释放超过50PB的存储资源

图 3-35 阿里巴巴数据公共层建设之蚂蚁搬家项目

第十二个，质量管理项目——在阿里巴巴数据公共层建设第二阶段二期中，为保障阿里巴巴数据公共层建设的质量，追加启动的六大数据技术领域之一，如图 3-36 所示。

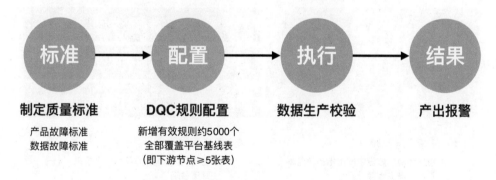

标准	配置	执行	结果
制定质量标准	DQC规则配置	数据生产校验	产出报警
产品故障标准 数据故障标准	新增有效规则约5000个 全部覆盖平台基线表 （即下游节点≥5张表）		

图 3-36 阿里巴巴数据公共层建设之质量管理项目

第十三个，AE 登月项目——在阿里巴巴数据公共层建设第二阶段二期中，将 AE 登月项目及阿里巴巴数据公共层建设项目基于统一的 OneDataII 体系进行深度融合后，所启动的深度协作项目，如图 3-37 所示。

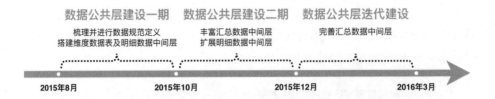

实施要点	优化前	优化后	提升
运行效率	2点完成	22点完成	业务提前4小时看到数据
研发效率 运营效率	4个数据域 单维20张表中 约500多个指标	8个数据域 单维180多个、多维2500多个指标	新需求研发投入减少30% 获取数据体验大幅提升
计算和存储效率	2000多个指标	750多个指标	计算资源和存储资源减少 ETL运维和沟通减少

图 3-37 阿里巴巴数据公共层建设之 AE 登月项目

　　第十四个，Sourcing 登月项目——在阿里巴巴数据公共层建设第二阶段二期建设过程中，将 Sourcing 登月项目及阿里巴巴数据公共层建设项目基于统一的 OneDataII 体系进行深度融合后，所启动的深度协作项目，如图 3-38 所示。

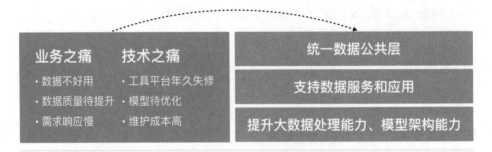

图 3-38 阿里巴巴数据公共层建设之 Sourcing 登月项目

3.3　从成本中心到资产中心

我们曾经认为，大数据管理就是控制好数据管理成本、梳理好数据的"血缘"关系。但随着阿里巴巴数据公共层建设项目的推进，我们发现，如果依然以此为驱动力做事情，那么大数据很容易成为成本中心，因此，我们将"存储治理"领域扩展到"资源治理"领域，进而推进到"数据资产管理"领域。"数据资产管理"领域力求让大数据回归资产本质。对于云上数据中台从业务视角建设的既"准"且"快"的"全""统""通"的智能大数据体系，在"从成本中心到资产中心"的过程中，其主要贡献在于"全"和"统"，也会影响到"快"和"通"。 在此过程中，发挥至关重要作用的是 OneData 体系，特别是其中的方法论。

3.3.1　大数据容易陷入成本中心的深渊

在阿里巴巴，我们收获了大数据作为资产中心所带来的红利，也体验过大数据成为成本中心后所带来的痛苦。这种痛苦除与资金投入密切相关外，也会直接影响甚至决定着大数据建设的质量和效率。下面详述大数据成为成本中心后所带来的负面影响，并基于成本视角介绍数据治理存在的误区。

1. 成本中心的深渊

前面提到，在 2014 年，阿里巴巴启动了数据登月项目，之后首批预算数亿元但很快面临被消耗殆尽的局面，这引起了高层管理者的极大重视。因为，大数据很有可能在还没来得及发挥作用时就已经消耗完业务带来的利润。如果阿里巴巴的利润都被大数据形成的巨大成本中心消耗完了，那么我们所有的理想和社会责任都将无从实现。而事实上，大数据不应该成为成本中心，不管是对一个国家来说，还是对一家企业来说。

而大数据确实一不小心就会成为成本中心，阿里巴巴就经历过这种情况，而且消耗了非常大的成本。如图 3-39 所示为在 2014 年我们开始筹划阿里巴巴数据公共层建设项目时，在盘点现状时发现的一个数据消耗巨大成本的案例。不过，幸好我们及时刹车并转换了方向。为什么说大数据容易陷入成本中心的深渊呢？

在图 3-39 中，红框标出来的是 5 张几乎完全重复的日志基础表，它们在源头就已经被复制到不同的数据团队中，或者在同一个团队内被简单加工生成数据仓库的数据基础层表。这 5 张重复的表占据了数十 PB 的存储空间。当时，存储 1PB 的数据表耗资上百万元人民币，而且其中还不包括电费、运维费，更不要说开发和运维这些数据表的费用，以及在这些数据表之上的各类应用层数据表所涉及的研发、维护等人力费用。

	表名	主题	层次	clusterNa	size(TB)	flag
1						
2	yunti1_hive.taobao.s_wap_log	无线日志	原始	YUNTI1	3650.21	线上表
3	yunti1_hive.taobao.s_atpanel_plus	aplus日志	原始	YUNTI1	3596.99	线上表
4	odps.tbods.s_atplog_base	aplus日志	原始	AY56A	3132.11	线上表
5	yunti1_hive.taobao.ds_fdi_atplog_base	aplus日志	加工	YUNTI1	2471.37	线上表
6	odps.tbods.s_tt_atpanel_plus_hjlj	aplus日志	原始	AY56A	1493.07	线上表
7	odps.alifin_dw.tbedw_log_pc_base	aplus日志	加工	AY42	1419.5	线上表
8	yunti1_hive.taobao.r_atpanel_log	aplus日志	原始	YUNTI1	1386.13	线上表
9	odps.alipaydw_dev.diff_datacompr_detail	无用数据	临时	AY56B	1302.48	临时表
10	yunti1_hive.taobao.gfs_fdi_atplog_base	aplus日志	原始	YUNTI1	1195.72	线上表
11	odps.tcif_uuic.uuic_inverted_index_d	tcif	加工	AY56A	1107.3	线上表
12	yunti1_hive.taobao.s_lg_order_exst	物流订单	原始	YUNTI1	1085.17	线上表
13	yunti1_hive.taobao.r_crm_refund_trade	退款订单	加工	YUNTI1	997.044	线上表
14	yunti1_hive.taobao.s_hj_bill	汇金账单	原始	YUNTI1	996.603	线上表
15	yunti1_hive.taobao.s_web_log_init	浏览日志	原始	YUNTI1	934.815	线上表
16	odps.cnzz_ods.s_web_log	浏览日志	原始	AY56C	910.547	线上表

图 3-39 数据消耗巨大成本的案例

再来回顾一下前面所讲的一个案例。在阿里巴巴数据公共层建设第一阶段的全局架构工作中，经过重复性盘点、实用性分析、业务逻辑认知和数据规范定义后，我们将支撑起整个淘系业务发展的关键数据指标从两万多个进一步浓缩为 3000 个左右。由此可以看出，在数据基础层之上，各类数据应用层的"烟囱式"开发带来了约 7 倍的成本浪费！

以上两个案例仅仅是管中窥豹，事实上，这种重复建设的例子非常多！即使我们在后续启动了阿里巴巴数据公共层建设，并很好地解决了业务的困扰和技术浪费的问题，但如何保持以及可持续发展，依然是一个棘手且重要的课题。正因如此，在启动阿里巴巴数据公共层建设项目之初，我们就设立了"存储治理"领域，并随着项目的推进，我们将"存储治理"领域扩展到"资源治理"领域，进而推进到"数据资产管理"领域。此次思想和行动的升级，正是在解决当前问题的同时着眼于未来。

2. 基于成本视角的数据管理误区

数据管理不是一个新鲜的话题。首先，大数据离不开计算和存储，也就离不开硬件，也因此与成本挂钩。其次，大数据一定要有用（在 2.1.2 节中就介绍了很多关于大数据应用与价值的探索），而大数据应用与价值的探索基本都会涉及大数据的来龙去脉。所以，可以说，在大数据的概念诞生之初，从搭建数据仓库开始，数据管理就伴随着与大数据相关的成本、应用、价值探索等产生了，并伴随着数据仓库的建设过程。

于是，在相当长的一段时间里，人们认为大数据管理主要是控制数据成本、梳理数据的"血缘"关系。

我们曾经也是这么认为和这么做的，并把相当大的力气投入在这两方面上，阿里巴巴也一度有多种形式的数据"血缘"关系图和多种方式的数据成本清单等。

在图 3-20 中，展示了在阿里巴巴数据公共层建设之初，云计算环境 1 上的数据任务关系图，这也是一张比较全局的数据"血缘"关系图，其中的每个圆形代表着一条业务线的数据任务集合，任意两个圆形之间的连线代表两者之间的引用关系。点击任意一个圆形后，还能看到该圆形内部的数据任务关系。如果是用户体验不好的数据"血缘"关系图，则会直接展示纷繁复杂的数据任务关系。

在这个案例中，即使看到这个全局的数据"血缘"关系图，但如果没有类似于 OneData 体系中的方法论来指导阿里巴巴数据公共层建设，也基本很难改变现状。

而基于这样的数据"血缘"关系图，数据开发者和数据应用者也很难直接用它指导或者辅助数据应用。数据开发者即使收到一份与自己相关的数据成本清单，也不知道从哪里着手，因为变动其中任何一个圆形，都会牵一发而动全身，谁也不敢因为下线一个耗费太多成本的数据任务而影响了自己所依赖的数据任务。

另外，我们认为，从单一维度控制成本的意义不大，就像 1 元的成本之于 10 元的回报相对于 1000 元的成本之于 10 万元的回报，你更在意哪一个？所以，我们认为，将成本投入与数据应用产生的价值挂钩的投入产出比更值得花力气去关注，而此时的核心就是以资产为驱动力，而资产直接对标的就是价值。从成本走向资产，从而直接对标价值，这是数据人在用大数据赋能业务的进程中所要追求的！当然，这个说起来很容易，做起来却很难。这意味着，不仅要对数据本身非常清楚，还要对数据应用非常清楚，要有一套很好的方法论指导数据体系建设。而在此过程中，是"人肉治"还是"产品治"，是以人工的方式还是以半自动化甚至全自动化的方式来进行数据管理，需要我们在今天和未来不断探索和创新。

时至今日，我们依然认为梳理数据的"血缘"关系，抑或是控制成本是不可舍弃的，但其不是目的，也不适合作为驱动力，更加要小心因此陷入前述的数据管理误区中。在启动阿里巴巴数据公共层建设项目之初，我们就设立了"存储治理"领域，并取得了不错的成绩，但随着项目的推进，如果依然以此为驱动力做事情，那么很容易让大数据成为成本中心，因此，我们将"存储治理"领域扩展到"资源治理"领域，进而演进到"数据资产管理"领域，此次思想和行动的升级，正是在解决当前问题的同时着眼于未来。

3.3.2 大数据应该且必须回归资产本质

考虑到成本问题，我们在推进阿里巴巴数据公共层建设项目时，以 OneData 体系，特别是其中的方法论为指导，历经"存储治理""资源治理""数据资产管理"三个阶段。在不断总结、思考、实践和调优后，终于找到一条让大数据回归资产本质的道路。

1. 由成本问题引发的反思

2014 年，在启动阿里巴巴数据公共层建设项目之初，在进行数据存储治理之前，我们做了很多盘点和分析工作。如图 3-40 所示的是当时对在阿里巴巴中占比最大的淘系业务进行数据存储量盘点和增长趋势预测，以及在阿里巴巴数据公共层建成后可望实现的数据存储量增长趋势预测。

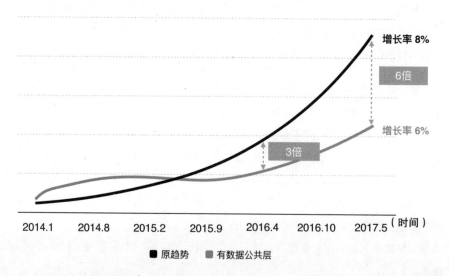

图 3-40 在启动阿里巴巴数据公共层建设之初对未来 3 年数据存储量盘点和增长趋势预测

如果不改变阿里巴巴内数据应用的现状，综合考虑数据本身的自增长、支持业务需求的"烟囱式"开发增长、新业务拓展带来的源数据增长和应用数据增长等因素，单就淘系业务而言，则预计其两年后的数据存储量将是当时数据存储量的近 3 倍，3 年后的数据存储量将是当时数据存储量的 6 倍多！而事实上，总会有不少预想不到的情况发生，即数据存储量的实际增长将比预估的还要多！

我们基于当时制订的阿里巴巴数据公共层建设项目计划，结合数据本身的自增长、业务新增需求及新业务拓展带来的需求等，对数据存储可优化的空间进行评估并大胆预测：如果阿里巴巴数据公共层建设项目执行到位，则可望在两年内直接节约数据存储预算约两亿元人民币，在 3 年内直接节约 6 亿元人民币。事实上，在阿里巴巴数据公共层建设项目落地一年时，仅通过对项目建设前已有数据的优化就节约预算上亿元，这还不包括业务新增需求及因新业务拓展而带来的新需求如果按照老的方式建设所造成的浪费。

我们心里很清楚，在阿里巴巴数据公共层建设过程中与建成之后，数据管理都是至关重要的。如果在实现数据存储量优化的同时没有保持住成果，以及对新增建设没有可持续地维护，则这次优化充其量只是一次性的数据成本治理。所以，数据管理必须马上做、长期做、用对的方法做。

2. 从存储治理到资源治理

在启动阿里巴巴数据公共层建设项目时，我们就规划了"存储治理"这个领域。随着数据存储治理取得预期中的成效，以及考虑到计算成本问题，我们又启动了数据计算治理，同时采用产品化辅助治理的方式。

于是，我们将数据存储治理、计算治理及规划并搭建资源治理平台合并，将最初设想的"存储治理"领域扩展到"资源治理"领域，再推进到"数据资产管理"领域。

回头想想，我们当时实际上还是在以成本为导向进行数据管理，这主要是因为当时存在的数据成本压力，以及在盘点数据存储情况及预估成本节约后所带来的刺激，也受限于我们当时的"以成本为导向"的思维。虽然当时只是想先解决好当前的问题，但在此过程中我们因时制宜地及时调整方向，反而让我们探索出了这条合理的数据管理推进的路线。

下面介绍"资源治理"领域涉及的存储治理、计算治理，以及规划并搭建资源治理平台。

（1）存储治理。

先来看我们最早发力的存储治理。在 2014 年 7 月（即阿里巴巴数据公共层建设项目启动后大概 3 个月），当阿里巴巴数据公共层建设项目进入第二阶段二期时，存储治理项目启动了。为此，项目组的同事制订了较为详尽的存储治理"三步走"计划，如图 3-41 所示。

图 3-41 存储治理"三步走"计划

需要说明的是，图 3-41 中所示的"三步走"计划并不是在启动存储治理之初制订的版本，而是随着整个阿里巴巴数据公共层建设项目的推进，以及存储治理项目的产出，调整了几次之后的版本。相比最初的版本，其中追加了很多内容，例如配合蚂蚁搬家项目等。

这个"三步走"计划，既要治理好在过渡期内存在的老数据体系，又要监控新数据体系，还要推动老数据体系中的数据迁移与下线。从 2014 年 7 月到 2015 年 3 月，在这 9 个月中，每 3 个月作为一个短周期，实行具体介绍如下。

- 第一步：最初 3 个月。在跟踪老数据体系及新数据体系的数据中间层的存储增长趋势的同时，重点优化数据基础层中的数据。在过渡期内，这项工作无论是对老数据体系来说，还是对新数据体系来说，都是重要的。还记得前面提到的 5 张几乎完全一样的日志基础层数据表耗费了数十 PB 的存储资源吗？所以，第一步的重点工作是在较短时间内快速释放尽可能多的存储资源，这既对阿里巴巴的长远发展有利，也为过渡期的新老数据体系并存争取了存储空间。

- 第二步：中间 3 个月。此时，整个阿里巴巴数据公共层建设项目第二阶段一期已经完成，第二阶段二期也已经有了阶段性产出，针对这种现状，这一步的工作主要包括两方面，一方面：监控新数据体系的数据中间层和数据应用层的存储增长趋势；另一方面，重点治理老数据体系及配合各个子项目的迁移。

- 第三步：最后 3 个月。此时，阿里巴巴数据公共层建设项目第二阶段二期已近尾声，并追加了蚂蚁搬家项目，所以，存储治理工作的重点是配合蚂蚁搬家项目推动老数据体系的数据迁移和下线，同时监控新数据体系的数据中间层和数据应用层，维护来之不易的成果。

（2）计算治理。

在存储治理上取得了很好的成果后，我们开始考虑计算资源是否也可以加以优化。于是，我们追加了计算治理，并制订了如图 3-42 所示的计算治理"三步走"计划。

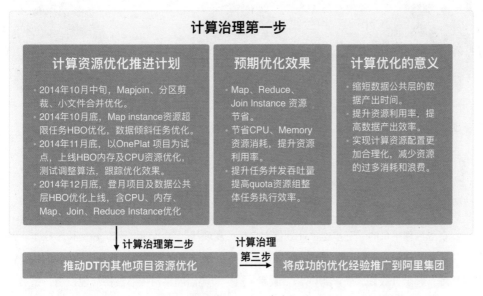

图 3-42　计算治理"三步走"计划

其中，第一步是当时能够详细规划的，也是重点投入的。第二步和第三步是大概的设想，并准备在第一步完成之后再根据实际情况调整并制订详细的计划。

在第一步中有比较多的专业术语（或者说是阿里生态内特有的叫法），读者不了解也没关系，不必特别关注细节。这里想向读者展示的是，我们在较多地关注存储资源治理的同时，也发现了计算资源治理的空间和契机，并马上开始行动。

在前面总结阿里巴巴数据公共层建设项目第一阶段和第二阶段时提道："仅 2015 财年

（即阿里集团数据公共层建设项目启动后一年内），批量数据计算总时长减少了约50%，数据计算成本节约了近亿元人民币；批量数据直接下线节约了近百PB存储空间，数据存储成本节约了近亿元人民币。"

（3）规划并搭建资源治理平台。

在增加计算治理的同时，我们考虑将存储治理和计算治理的经验尽可能地产品化，于是开始规划并搭建资源治理平台，如图3-43所示，同样分三步走。

图3-43 资源治理平台"三步走"计划

资源治理平台的"三步走"计划依次包括"观现状""查问题"和"做优化"三步。第一步实现"现状分析"，第二步实现"问题诊断"，第三步实现"治理优化"。在我们将"资源治理"领域升级到"资产管理"领域后，这个资源治理平台依然被持续建设着，是后来阿里生态内统一使用的数据资产管理平台的前身。

至此，"存储治理""计算治理"和"资源管理平台"三者会师，我们正式将数据公共层建设项目启动之初设想的"存储治理"领域扩展为"资源治理"领域。

最后通过图3-44来回顾总结一下"资源治理"领域在2015年财年取得的成果吧。

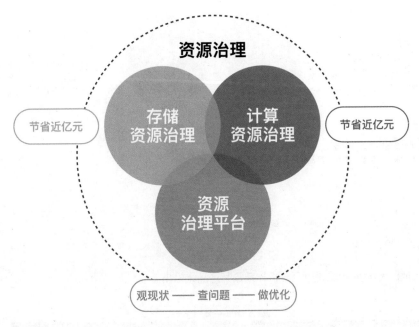

图 3-44 "资源治理"领域在 2015 财年的阶段性成果

3. 卓有成效但持续进行的阿里巴巴数据资产管理

自 2015 财年以后，我们在"资源治理"领域取得了成绩，当时要解决的问题已基本解决，到了需要及时调整方向的时候了。于是，我们开始转向数据资产管理，正式确立"数据资产管理"这个领域，并展开了大刀阔斧的变革。

首先，如图 3-45 所示，我们确定了"数据资产管理"领域的三个重要方向——资产分析、资产治理和资产应用，并基于这三个方向的技术研究和实战，将流程、经验、标准和规范等产品化，最终构建了目前阿里生态内统一使用的数据资产管理平台。

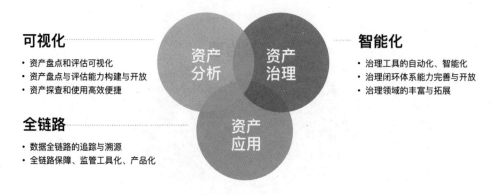

图 3-45 "数据资产管理"领域的三个重要方向

（1）资产分析。

如图 3-46 所示的是资产分析体系及其产品化输出。

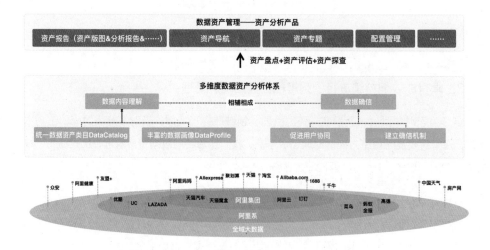

图 3-46 资产分析体系及其产品化输出

资产分析包括三部分。

- 资产分析对象：以整个阿里生态的"三环"大数据为资产分析对象。
- 多维度数据资产分析体系：基于资产分析对象，以基础元数据、用户行为日志、数据知识图谱等为素材，通过综合人脑和机器学习算法的手段，充分理解数据资产的内容，完成各类数据资产分析，理解数据内容；用户协同，并建立数据确信机制，进而实现数据内容理解与数据确信机制相辅相成的多维度数据资产分析体系。

● 资产分析产品化：基于多维度数据资产分析体系，在技术端和用户看不到的产品背后进行资产盘点、资产评估和资产探查，从而向用户输出易读、易懂的资产报告（包括不同分级之下的资产版图和分析报告等）；提供资产导航服务，方便用户通过多种方式找到想要的数据及其详情；提供特定专题的资产分析服务，如核心资产分析、用户自定义资产分析等；提供少量的简单易用、有助于资产分析和产品化的配置管理，如数据表类目的配置管理、给数据资产加标签的配置管理等。

（2）资产治理。

图 3-47 所示的是资产治理闭环体系及其多维度输出。

图 3-47　资产治理闭环体系及其多维度输出

资产治理包括以下两部分。

● 资产治理闭环体系：建立包括现状分析、问题诊断、治理优化、效果反馈四步在内的资产治理闭环体系（在规划资源治理时，分为"现状分析""问题诊断""治理优化"三步，此处增加了"效果反馈"），从而形成较为完整的闭环；还对其中每个环节的内容进行了丰富和完善，例如在"问题诊断"环节，不仅包括对计算和存储资源问题的诊断，还包括对数据质量和安全问题的诊断。

● 资产治理多维度输出：我们认为资产治理应该是"全民行动"。暂时未加入阿里巴巴数据公共层的阿里生态内的"新面孔"、阿里巴巴数据公共层之上的数据应用层所在 BU，也都会有个性化诉求，所以，资产治理致力于将资产治理闭环能力开放。我们通过标准输出、定制产品、能力输出、构建协作机制等对资产治理进行多维度输出。

（3）资产应用。

图 3-48 所示的是资产应用全链路体系及其产品化输出。

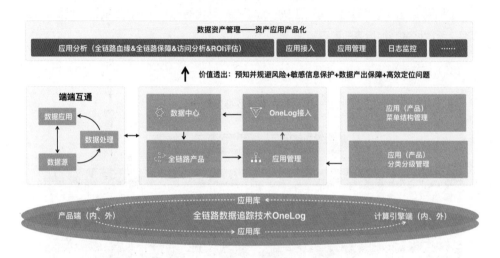

图 3-48 资产应用全链路体系及其产品化输出

资产应用包括以下两部分。

- 资产应用全链路体系：通过全链路数据追踪技术，将各类产品、场景化应用等，从数据获取到数据处理再到数据应用，实现端到端打通，这为实现资产应用产品化奠定了技术基础。
- 资产应用产品化：围绕最终用户，以数据的资产本质为驱动力，提供应用分析产品，包括资产应用的全链路"血缘"关系、全链路保障、访问分析及 ROI[1] 评估。

全链路"血缘"关系：清晰展示数据的来龙去脉。

全链路保障：让用户清楚地知道各种保障措施和问题所在，以及为何资产应用能够稳定、健康地运行。

访问分析：全面分析数据应用到的产品及场景的被访问情况。

ROI 评估：为用户指明事实，即当前产品或者场景化应用是否值得投入、值得投入多少等。

[1] ROI，Return On Investment，投资回报率，或者称为投入产出比。

当然，要实现上述全方位的应用分析，还要在产品端配套相应的功能。因此，在使资产应用产品化的过程中，提供应用接入、应用管理、日志监控等，为应用分析准备好相关的素材。

当数据资产管理发展到这一状态时，除能很好地维护数据公共层建设项目第一、第二阶段的建设成果外，也能为后续第三阶段全面展开的数据体系建设"保驾护航"（包括阿里生态内的优酷土豆云上数据中台体系建设、高德云上数据中台体系建设、Lazada 云上数据中台体系建设等），而且，逐步揭开了大数据的本质——资产。

4．大数据的资产本质

我们认为，揭开大数据以"资产"为本质的面纱，会看到这样一幅展示大数据演进路径和愿景的画面：大数据先由成本中心变为资产中心，然后，拥有资产本质的大数据将由成本中心变为利润中心！

在阿里生态内，各部门的业务数据体量大、数据应用深入；在阿里生态外，客户的业务行业性强、数据应用尚不深入。综合考虑这些特点后，我们将数据资产管理进行炼并抽象，如图 3-49 所示，其中包括基于资产本质的数据资产管理认知和数据资产管理产品架构。

先来看基于资产本质的数据资产管理认知。对大多数业务人员而言，其最终目的是很好地将数据与业务结合并应用，产生价值回报。不同职责的业务人员对数据的需求都不同，因此，首先要明确他们对数据的需求。

（1）对 CEO 或业务负责人而言，他们更想知道的是，自己到底有多少数据资产，分布状况如何，ROI 如何（即全盘把握与科学分析数据资产）；如果当前业务缺乏一些数据，那么该从何处获得这些数据。

（2）对一线业务人员而言，他们不在乎有多少张数据表，可能只想看会员数据或者某个行业的数据，所以，他们想要的是可以清晰查看及快速使用数据资产。

（3）对业务负责人及 CTO、CFO 而言，他们关心的是数据资产是否被合理应用到合适的地方，哪些地方应该用数据而没有用数据，哪些地方用数据时所付出的代价太大，即准确评估及合理应用数据资产。

（4）对一线技术人员、技术负责人（特别是 CTO）而言，他们非常关心的是"是否能用数据治理数据"，即如何用大数据实现智能诊断与高效治理数据资产。

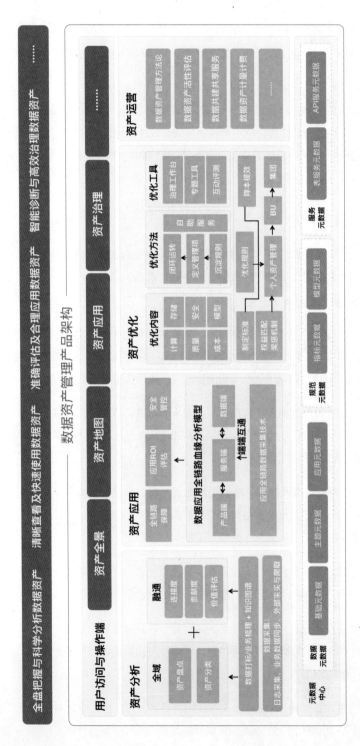

图 3-49 阿里巴巴关于数据资产管理的认知及产品架构

基于以上认知，我们将数据资产管理产品架构抽象为如下三层。

（1）用户访问端与操作端：在产品目录导航上，直接提供"资产全景"功能，为实现"全盘把握与科学分析数据资产"服务，以"资产全景"功能输出的资产月报为例，我们会在资产月报中说明当前阿里巴巴的数据资产总量及其分布、各个数据域的占比、数据应用场景及投入产出比等；提供"资产地图"功能，为实现"清晰查看及快速使用数据资产"服务；提供"资产应用"功能，为实现"准确评估及合理应用数据资产"服务；提供"资产治理"功能，为实现"智能诊断与高效治理数据资产"服务；当然，还会有一些其他配套的配置管理功能。

（2）技术端与后台运营端：在产品端或者用户访问端不用关注的地方，一方面，在技术上做好资产分析、资产应用、资产优化等工作，为用户访问端与操作端提供素材；另一方面，在资产运营方面做好促进业务与技术、数据资产来源方等的协作互动工作。通常人们会忽略资产运营，实际上，资产运营工作是很重要的。为什么？因为在做数据资产管理时，很可能会遇到主管不配合，或者嫌弃配置管理工作等现象。此时就需要通过资产运营工作告诉他们，今天的数据资产状况怎么样、如果参与进来能够得到些什么、一个小小的配置工作会给业务自身以及大局带来什么等。

（3）元数据中心：数据资产管理不能全靠人，特别不能靠投入"人肉"，稀缺且宝贵的数据资产专家的专业能力要用在"刀刃"上。所以，能用产品解决的问题就不要用"人肉"解决，能自动化、智能化的工作就不要人工化。元数据的丰富程度是实现自动化、智能化的重要元素。因此，我们要建立一个全面完善的元数据中心，包括：①数据元数据，即关于数据的详情、计算、存储等情况的元数据；②规范元数据，即关于数据建设过程中的各种指标、模型相关的元数据；③服务元数据，即关于数据在被以表或者 API 等方式提供服务时的各类元数据。

如今，我们正努力让大数据从成本中心走向资产中心，如果全社会都能致力于数据资产建设与管理，相信大数据成为利润中心的时代离我们并不久远！

3.4　从孤岛数据到融通的数据

随着全球数据量的激增，大家都在以自己的方式探索大数据的价值。数据只有融通才有价值。就云上数据中台从业务视角建设的既"准"且"快"的"全""统""通"的智能大数据体系而言，在"从孤岛数据变为融通的数据"的过程中，其主要贡献首先是"通"，进而影响到"准""全"和"统"。在此过程中，起至关重要作用的是 OneEntity 体系，特别是其中的方法论。

3.4.1 孤岛数据存在的必然性

全球数据量的激增、世界各国对大数据的价值探索、各企业内部的业务单元的数据应用现状，都将导致孤岛数据的存在，本节会概述孤岛数据存在的现实必然性。

1. 全球数据量的激增的背后必有数据孤岛

根据 IDC 等权威机构所做的数据测算，每年全球的数据量以 40% 左右的速度在增长。以这样的速度计算，到 2020 年，全球的数据量将达到 40ZB！

阿里巴巴作为一家生态公司，其业务涵盖电商、金融、广告、物流、文化、教育、娱乐、设备和社交等领域，不仅包括国内的数据，还包括国外的数据；不仅包含线上消费的人、货、场、钱等数据，还包括线下消费的人、货、场、钱和位置等数据，以及与物流、用餐、资讯、影视、出行、阅读、音乐和健康等相关的数据。

这些数据从多终端、全渠道被采集到，并且表现形式多种多样。如图 3-50 所示，与"人"相关的 Entity 数据就有 3 种类型：①业务账号信息；②PC cookie、无线 imei 与 idfa 等设备标志；③身份属性信息。

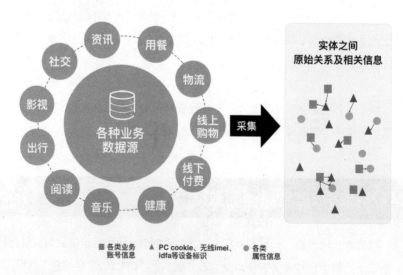

图 3-50 Entity 数据类型

2．业务单元及应用现实加剧孤岛数据的形成

随着人们的互联网行为越来越多样化，如果每天有数千亿条实体数据产生，并且这些数据分属于不同的业务单元，则这些数据天然就存在被孤立的可能性。仅从各业务单元自身的业务发展需要及发展节奏来看，各业务单元的数据团队肯定是从本业务单元需求出发来建设自有数据体系的，但对全局业务而言，必然存在面向各个业务单元（甚至更小单元）的孤岛数据。

3.4.2　数据只有融通才能真正产生价值

孤岛数据有其存在的必然性，但数据只有融通才能产生更大的价值。下面以"人"为例，阐述我们基于"以用为本"的 OneEntity 体系设想。

1．设计 OneEntity 体系，以实现数据融通

数据标准规范了，相应地，计算存储与建模研发也就统一了，而数据资产管理与服务应用也就有可能统一了。

随着业务的发展，阿里生态内的业务越来越丰富，各生态业务之间的协作越来越多，统一各个业务单元本身的数据只是第一步，让各个业务单元之间的数据实现融通才是重要的。

从业务视角来看，我们不仅希望可以分析和应用大数据，更加希望得到通过跨业务单元连接起来的数据和精细化萃取的数据，就像从原油中提炼出 92#、95#、98# 等适用不同车型的汽油。

我们希望各个业务单元的数据，不仅因为规范统一而可以共享到各个业务单元中，更因为融通而变得智慧，进而赋能所有业务。

那么，数据为什么会因为融通而变得具有智慧了呢？

2010 年第六次全国人口普查显示，中国人口为 13.4 亿人，之后在较长时间内保持在 13 亿人以上。而中国网民[1] 的数量如何呢？2017 年 8 月 4 日发布的《中国互联网络发展状况统计报告》显示，中国网民规模达到 7.51 亿人，其中手机网民达到 7.24 亿人。

现在，人们的互联网行为越来越多样。可以想象一下，如果每天产生上千亿条（甚至更大数量级）与"人"相关的实体数据，那么这个数量级与 7.51 亿的中国网民的数量级相差还是挺大的。以广告营销为例，通过营销渠道触达上千亿条与"人"相关的实体数据和

[1] 网民，一般是指半年内使用过互联网的 6 周岁及以上的公民。它是一个从网络使用者的行为效果出发进行阐释的概念。在个体自我意识、对使用网络的态度、网络活动的特征及网络活动的行为效果上等表现出一定特点的使用者，才可以被称为"网民"。即并非所有"网络使用者"或"网络受众"都够资格被称为"网民"，只有那些网络活动"具备一定的特征与特质的网络使用者"才可被称为网民。

触达7亿网民分别意味着什么，我想这是不言而喻的！在价值实现上，后者大大超过前者！

一般而言，与"人"相关的数据中对应的实体一定与现实中的某一个网民相关，但如果想要全部整齐划一地归拢到每一个网民，则几乎是不可能的。因此，我们开始思考，有没有可能将上千亿个实体与7亿多个网民之间在数据量级上的巨大差距缩小？比如，将上千亿个与"人"相关的实体归拢到50亿、20亿，直至无限逼近现实中真实的网民数量。

为了实现数据融通，我们可以做些什么呢？

（1）OneEntity 统一实体。

我们将若干个实体归拢到一起并命名为 OneEntity。归拢虽然有据可依，但终究是基于大数据算法进行的设想，不可能与现实世界一模一样，因此，其只可能是"无限逼近"。在"无限逼近"的过程中，根据实体归拢的效果及能否贴上"特定标签"，OneEntity 在理论上可以分为一般质量 OneEntity、高质量 OneEntity 和高价值 OneEntity。其中，高质量 OneEntity 是指能够贴上"特定标签"的 OneEntity，这里的"特定标签"会因业务和场景而异。不能够贴上"特定标签"的 OneEntity，我们称之为一般质量 OneEntity。而高价值 OneEntity 则是在高质量 OneEntity 的基础上提出进一步要求，不仅要能用标签等来精准刻画，还要达到实际意义上的可精准触达。

以上千亿条大数据世界里的实体和现实世界里的7亿多个网民为例，假设将归拢得到的30亿个 OneEntity 定义为一般质量 OneEntity，将能够因业务和场景等贴上"特定标签"的6亿个 OneEntity 定义为高质量 OneEntity，将能够在特定场景中精准触达的4亿个 OneEntity 定义为高价值 OneEntity。

以广告营销场景为例，如果你有10亿元营销预算，则对4亿个高价值 OneEntity 来说，平均每个 OneEntity 2.5元；对6亿个高质量 OneEntity 来说，平均每个 OneEntity 1.67元；对30亿个一般质量 OneEntity 来说，平均每个 OneEntity 0.33元；而对1000亿个未归拢的实体来说，平均每个实体0.01元。那么，对业务人员而言，高价值 OneEntity 就是其最想要的，高质量 OneEntity 也是不错的，一般质量 OneEntity 是退而求其次的选择，但没有经过任何归拢的1000亿个实体则是技术人员不追求、业务人员不欣赏的。所以，在大数据的世界里，有很多技术人员在做这样的探索。

（2）GProfile 全域标签。

进一步，我们基于归拢后的数据对 OneEntity 进行"贴标签"（或者说画像）。假设归拢前是 1000 亿条与"人"相关的实体数据，如果归拢为 50 亿个 OneEntity，那么平均每个 OneEntity 有 20 条数据；如果归拢为 30 亿个 OneEntity，那么平均每个 OneEntity 至少有 30 条数据；如果归拢为 10 亿个 OneEntity，那么平均每个 OneEntity 有 100 条数据。用 100 条、30 条或 20 条数据刻画一个 OneEntity 和用一条数据刻画一个实体，刻画效果孰好孰差是很明显的。

（3）GRelation 全域关系。

再进一步，实现以 OneEntity 为核心的关系刻画也就具有了可能性。比如，当 OneEntity 代表"人"时，就可以找出他的亲属、朋友、校友和同事等；当 OneEntity 代表"商品 / 货"时，就可以找出它的上下游商品 / 货等。

（4）GBehavior 全域行为。

在孤岛数据世界里，在理论上可行但在现实中不可能实现的是——通过一个实体了解这个实体的行为明细。而在融通数据世界里，就有望实现以 OneEntity 为核心，将 OneEntity 相关的实体及行为全部串联起来。这个以 OneEntity 为核心的"葫芦串"是可以支撑标签画像、人物关系刻画的。

我们将这一整套设想及其方法论定义为"以用为本"的 OneEntity 体系，如图 3-51 所示，其中包括 OneEntity、GProfile、GRelation 和 GBehavior。下面以人们的简历来类比，帮助读者理解这个设想。一般在简历中会包含如下几个部分。

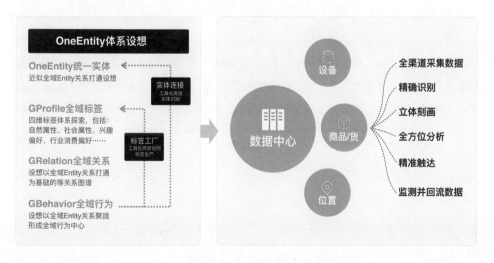

图 3-51　OneEntity 体系

- 姓名、邮箱、地址等。这些是人们在现实世界中的唯一标志，就像 OneEntity 代表着你在大数据世界里的唯一标志。
- 籍贯、年龄、政治面貌、宗教信仰等。这些是人们在现实世界的一系列标签画像，就像 GProfile 代表着人们在大数据世界里的标签画像。
- 天生或后天产生的一系列关系，如父母、子女、夫妻等，就像 GRelation 代表着人们在大数据世界里的各种关系。
- 从小到大的履历。例如，何年何月读大学、何年何月第一次参加工作、何年何月获得某项奖励以及证明人是谁等，这些是人们在现实世界里的各种行为轨迹，就像 GBehavior 代表着人们在大数据世界里的各种行为轨迹。

在大数据的世界里，将孤岛数据实现融通并加以萃取，可以围绕一个主题展开全面的剖析。大数据的世界与现实世界在此有异曲同工之妙！

需要特别强调的是，这些 OneEntity 可能是"人"，也可能是"商品 / 货""公司"或"设备"等。而且即使以"人"为例，也不可能等同于现实世界的人。这也是在命名中没有用 User、Person 之类的字眼的原因。

2. 细述 OneEntity 体系——GProfile

在 OneEntity 体系设想及其方法论中，如何为 OneEntity 贴上标签是在以往及当前的数据应用中最常见的问题，它对找出高质量 OneEntity、高价值 OneEntity 有着重要的意义。图 3-52 展示了 OneEntity 体系如何立体刻画"人"，即贴标签或者画像。

图 3-52 所示的图形就像一只巨大的眼睛。在大数据的世界里，这只"眼睛"是对一个"人"的立体刻画，便于认识一个"人"。这里对"人"的立体刻画，是通过标签及标签组合之上衍生的画像来体现的，所以标签的萃取是非常重要的。要找到高质量 OneEntity 和高价值 OneEntity，就离不开高效萃取标签的能力，而这里的"高效"体现为有效和高速。

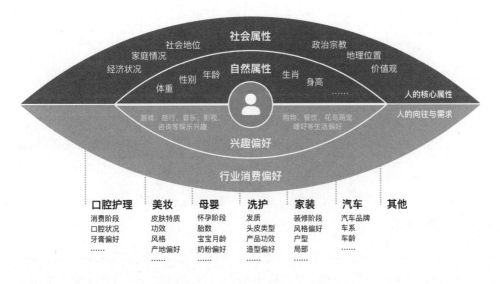

图 3-52　GProfile 对于"人"的立体刻画

（1）有效。

对于"有效"，我们要探索的是如何方便地查找和使用标签。最初，我们凭借感觉和小范围的经验对标签进行分类，结果几乎每个业务方都会站在自己的视角提出不一样的分类建议。实际上，也确实难以从当时的分类层级中很方便地找到需求的标签。

于是，我们进行了很多调研、学习和讨论。我们主动去找知名高校的人口学、社会学等学科的教授，学习与"人"相关的理论知识，同时调研了很多业界的标签分类体系，取长补短。

最终，我们基于人口学、社会学理论知识，以及借鉴业界标签分类体系的优点，将"人"的立体刻画划分为"人的核心属性"和"人的向往与需求"两大部分，具体包括四大类。

先来看"人的核心属性"，其分为"自然属性"和"社会属性"。

•"自然属性"是指人的肉体存在及其特征，是人自出生后自然存在的，一般不会因为因素发生较大的改变。例如，"性别""生肖""年龄""身高""体重"等。

•"社会属性"则是指人在实践活动基础上产生的一切社会关系的总和。人一旦进入社会就会产生社会属性。例如，"经济状况""家庭状况""社会地位""政治宗教""地理位置"以及"价值观"等。

再来看"人的向往与需求"，其分为"兴趣偏好"和"行业消费偏好"。

- "兴趣偏好"是人对非物化对象的内在心理向往与外在行为表达，是一种发自内心的本能喜好，与物质无必然关系。例如，渴望爱情、需要安全感、希望有一口漂亮的牙齿、讨厌脏乱的环境等。

- "行业消费偏好"则是人对物化对象的需求与外在行为表达，涉及各行业，与物质世界有着千丝万缕的联系。例如，母婴行业偏好、美妆行业偏好、洗护行业偏好、家装行业偏好等。

在以上四大类的基础上，我们会尝试根据不同业态进一步细分出二级分类和三级分类等，这里就不赘述了。

当我们使用这样的分类标准和方法论，对标签加以分类、管理，并提供服务时，在标签分类的合理性和易用性方面面临的挑战越来越少。标签生产方基于分类对新生产的标签进行归类、生产新标签并向上提供服务。标签使用方据此可以快速进行需求导航并较为精准地找到需求标签。在此基础上，标签管理也变得清晰，并且"首尾呼应"：根据业务需求生产一部分标签，将标签体系建立起来，再根据标签类目下的标签数量、分布情况和应用忙 / 闲情况等，有效地生产标签与规划服务（包括新增标签和下架标签、标签质量与隐私安全管理、服务稳定性保障及服务计量定价计费等）。

这个分类标准和方法论是以零售电商为切入点的，继而被推广到各业态，具有一定的普适性。这四大分类（特别是这四大分类背后应用的理论基础和现实萃取法）可以适用于所有的行业 / 产业，或为其所借鉴。

（2）高速。

对于"高速"，我们要探索的是如何半自动化乃至自动化地萃取标签。标签的萃取工作至少包括：数据收集；清洗、去噪声并统一；反复试用并确定最佳算法及模型；为模型选择计算因子并对模型中的每一个计算因子调配权重；产出标签质量评估报告以辅助验收。如果每一个标签的萃取都要靠专家来做，则不仅速度慢而且浪费人力。

我们曾经随机抽查了在用的若干个标签，预估了工作量及工作周期。一个有价值的标签的萃取平均耗时两周，这对快速发展的互联网来说，速度真的很慢了。而慢的原因除具有复杂的萃取流程外，主要是涉及大量重复的人工工作。因为每一个标签的萃取几乎都依赖底层的基础数据，而较少依赖上一层汇总的数据中间层的数据。另外，对应的萃取逻辑也有很多是可以复用的（包括算法的选择、模型的训练和计算因子的加权等），但因为是采用人工来做以及由不同的人来做，所以造成了很多的重复工作，从而形成计算资源、存储资源以及数据技术人员的浪费。

我们认为，凡是不同的业务方反复提需求的部分，不同的数据技术人重复开发的部分，开发工作量巨大的部分，一定都有可以优化的空间。比如，用工具型产品化的方式替代或部分替代人工工作。

我们把萃取标签的一整套流程和逻辑沉淀了下来，如图 3-53 所示。

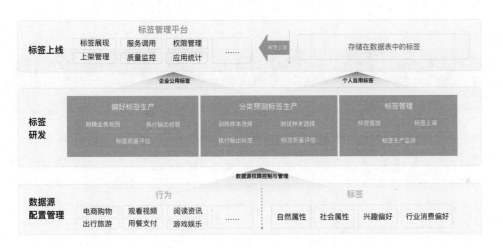

图 3-53　GProfile 关于立体刻画产品化

- 以 OneEntity 体系为核心，将 OneEntity 相关的实体及其行为全部串联起来，与存量的标签一起作为数据源。
- 将萃取标签逻辑沉淀为两种，分别对应到"偏好类标签"和"分类预测类标签"的工具型产品的生产过程中，其中包含确定计算因子及其权重等业务规则、选择数据样本、选择算法与模型等。
- 沉淀质量评估报告和生产监测、上线等管理流程。

当这一整套工具型产品上线之后，批量生产十几个同类型的标签只需要两天左右的时间，这是因为在补足数据源、确定业务规则、选择数据样本、选择算法与模型的过程中，减少了大量的代码开发与模型训练的工作。在这个过程中，参与的角色也发生了很大的变化，从原本的以数据产品经理、数据研发工程师、数据科学家为主导，转变为更多的角色可以参与进来甚至主导。因为对大部分的数据标签而言，在数据源充足、算法与模型明确的前提下，行业专家、数据分析师因其对业务规则更熟悉，并有更强的把控能力，可以相对独立地利用工具型产品完成标签的萃取工作，或者在数据产品经理、数据研发工程师或数据科学家的协助下完成。

从一个标签到十几个同类标签，从两周到两天，萃取标签的效率得到了大大提升。虽然不能百分之百自动化萃取所有的标签，也不能百分之百地满足所有客户所有的需求，但效率的大大提升，让高质量 OneEntity、高价值 OneEntity 的求索变得具有可能性并且愉悦多了，同时也使得基于萃取的标签得到立体画像的可能性大大提升。

3.5 从"授人以鱼"到"授人以渔"

从以定制研发、定制组装的方式将数据给业务人员，到基于数据规范定义但依然需要在服务端加以配置，再到全链路打通数据规范定义、数据建模和智能黑盒，直到主题式服务，我们一次次努力追求的正是一步步走向"授人以渔"。就云上数据中台从业务视角建设的既"准"且"快"的"全""统""通"的智能大数据体系而言，从"授人以鱼"到"授人以渔"，其主要贡献在于"统"，也会影响到"准"和"快"。在此过程中，起指导性作用的方法论是 OneService 体系，特别是其中的方法论。

3.5.1 给数式服务——"授人以鱼"

前面介绍过，在阿里巴巴数据公共层建设项目启动之初，以淘系数据为切入点的业务数据架构过程图时提道："一方面，从业务视角出发，优先考虑当时的淘系数据门户'淘数据'里的两类报表工具产出的两类报表，共计 4100 多张，同时兼顾数据回流 2000 多条、数据产品对应数据表若干。另一方面，从技术视角出发，梳理了 ODS 数据基础层关键数据清单和 TOP400 热表，两者合并去重的结果是累计两万多个指标！"请注意这段文字中的"兼顾数据回流 2000 多条"，数据回流在当时淘系的意思是，数据从业务源头同步到数据仓库，在数据仓库加工成数据指标后再同步回业务前台数据库进而供给业务应用。

再回顾一下 2012 年前后我们初探 OneData 体系时的真实经历。当时我们要做的事情是梳理并整合服务 1688 业务的 370 多个 API。在梳理的过程中，我们发现无法完成整合工作。因为在这 370 多个 API 中，每个 API 都只服务一个业务应用而不能被共享。这些 API 引用的数据应用层的数据表也不能共享，我们分析每个 API 引用的数据应用层的数据表后发现，这些数据表中的许多指标都是重复的，有些是直接从同一个数据中间层的数据表中引用的，有些是直接依赖源头的数据基础层的数据表通过向上烟囱式开发产生的。

所有这些问题的根源在于：数据部门处于弱势，业务部门处于强势；数据部门处于资源地位，业务部门处于主导地位。因此，数据对于业务的支撑也就主要是"授人以鱼"的给数式服务了。

3.5.2 业务主题式服务——"授人以渔"

从 2012 年开始，通过梳理和盘点 1688 数据服务 API，我们发现，单一地整合 API 是治标不治本，必须从数据统一、服务统一两个方面同时着手，并且两手都要抓，两手都要硬。

图 3-54 所示的是 OneService 体系的演进过程：从 2012 年前后的"授人以鱼"的给数式服务，发展到 2014 年前后的"授人以渔"的主题式服务前段，再发展到 2016 年前后的"授人以渔"的主题式服务后段。

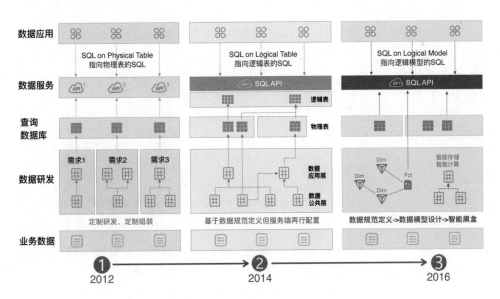

图 3-54　OneService 体系的演进过程

（1）2012 年前后的数据服务。

不管数据回流的方式是将数据同步给业务前台使用，还是在数据之上提供"烟囱式"API

服务，本质上都是"授人以鱼"的给数式服务。

以当时的 API 服务为例，如图 3-54 所示。其工作原理是，首先根据业务需求烟囱式定制开发满足需求的数据表。然后将数据表同步到查询数据库中，再基于查询数据库定制化封装面向一个个应用需求的 API。每当应用调用一个 API 时，对该 API 数据调用解析出来的 SQL 语句会指向写入该 API 中的指定物理表，从而实现 API 的定制化与独享化。

（2）2014 年前后的数据服务。

2012 年，我们通过 1688 业务初探 OneData 体系的同时，设计了面向多个应用共享服务的 OpenAPI。在 2014 年启动阿里巴巴数据公共层建设项目之前，OpenAPI 已经因其具有统一服务的特性被升级为 OneService 体系。当时我们假设，如果 OneData 体系确保了数据指标的标准化和唯一性，那么所有的数据指标在同步到查询数据库以后是去重的，并且是可以被唯一识别的。因此，我们可以在查询数据库中按照查询统计维度，将相同统计维度的不同物理表中的数据指标配置到同一逻辑表中，因为数据指标是唯一的，所以配置到同一逻辑表中的数据指标都是唯一的。

每当应用调用一个 API 时，对该 API 数据调用解析出来的 SQL 语句会通过逻辑表指向多个物理表，进而找到一个唯一的数据指标，从而实现 API 的共享以及 API 引用数据的共享。此时的数据服务已经可以被称为"授人以渔"的主题式服务了。

相对于 2016 年前后的数据服务，此时的数据服务比较适合被称为"授人以渔"的主题式服务前段。

（3）2016 年前后的数据服务。

2016 年，我们开始思考将 OneData 体系与 OneService 体系融合，不再是先用 OneData 体系建设好数据，然后将数据同步到查询数据库中，再在 OneService 体系中配置逻辑表从而实现 API 服务。同时，我们开始思考基于逻辑模型的自动化、智能化数据建模，即不是先由数据研发工程师研发出一个物理表后再配置到逻辑表中。

结合以上两点思考，我们要实现的是：OneService 体系基于逻辑模型，而逻辑模型内的数据指标则是通过自动化、智能化实现的。

每当应用调用一个 API 时，对该 API 数据调用解析出来的 SQL 语句就会通过逻辑模型而非逻辑表直接发起一个数据指标的查询请求，而请求结果返回的则是由一个智能黑盒基于逻辑模型来实现的。

智能黑盒实现每一个数据指标的前提条件是，对每一个数据指标进行数据规范定义，并对应到一个逻辑模型中。智能黑盒基于此过程对数据指标实现智能计算和智能存储。

相比 2014 年前后的 OneService 数据服务，此时的数据服务已经产生了飞跃的变化，更适合被称为"授人以渔"的主题式服务后段。

3.6　从"数据可有可无"到"无数据不智能"

我们经历过业务爆炸式前进和野蛮式增长时期，体会过数据处于可有可无境地的尴尬，于是倍加珍惜云上数据中台的建设成果，更加不遗余力地进行着各种数据应用与创新探索。

"从数据可有可无"到"无数据不智能"的主要贡献是，在智能大数据体系之上的各类应用与智能化价值创新探索，终于在业务数据化与数据业务化两大方向上，以及在数据赋能业务、驱动创新的四大应用场景上，取得了可圈可点的成果。

3.6.1　野蛮增长时期：数据是可有可无的

在 2.3.2 节中提到了云上数据中台建设的四个阶段，而在这四个阶段之前（即 2012 年 2 月以前），特别在 2010 年前后，阿里巴巴处于业务高速增长、数据追随业务期。

以前常常有人说："在淘宝这片土壤里，插一根铁棒都能开花。"这听起来很夸张，但我认为有其合理之处，一方面是因为当时淘宝处于流量红利期，另一方面是因为淘宝在万能创新中给人们带来无限的想象。

在那些年里，淘宝的业务增长非常快，也有非常多的创新。姑且不说其他方面，单就天猫的孵化、双十一的诞生，已足够说明当时淘宝的业务是爆炸式前进、野蛮式增长的。

需要特别说明的是，这里所说的"野蛮式增长"并不是一个贬义词，而是想要说明业务的发展之快，业务自身的发力点、增长点相当多，以至于业务部门无暇思考如果有数据的帮助会有什么不同，而数据部门更多的是从事后复盘的视角给出分析报告。而所谓的"数据可有可无"则基本意味着，有数据也基本不会对业务产生太大的影响，没有数据业务也会自行运转得很好。

作为早期的数据人，当时我们体会到的就是数据处于可有可无的境地，以及数据人不受重视，难以发挥价值。

无论是"数据仓库就是给老板和业务部门做报表的"，还是"还没支持好业务，怎么好意思想别的"，抑或是"齐心协力干半年，数据仓库换新颜"，表达的都是数据处于可有可无的境地和数据人力图改变现状、寻求突破的决心。

前文在举例时说到，当时同名不同计算逻辑的 UV 竟达 20 多个，以及对淘系数据进行业务数据架构后，"经过重复性盘点、实用性分析、业务逻辑认知和数据规范定义后，我们将大致可以支撑起整个淘系业务发展的关键数据指标从两万多个浓缩为 3000 个左右！"除大量重复建设的指标外，在建设阿里巴巴数据公共层时，我们对长期无用的数据指标直接进行了下线操作。在这其中有一个令人非常尴尬的现象：有很多数据指标从上线开始就几乎没有被访问过！我想这多少算是对"在业务野蛮增长时期数据处于可有可无的境地"的一个佐证吧！试想，在数据指标重复、数据指标不一致、数据指标上线后压根儿就没有被访问过等诸如此类的现象之下，数据怎么可能不沦落到可有可无的境地呢？

再看一个与"数据处于可有可无境地"相关的佐证。图 3-55 所示的是小二看到的数据与商家看到的数据不一致、商家在不同的产品中看到的数据不一致的真实案例，而且这还是在阿里巴巴数据公共层项目建设过程中，数据的影响力已经有所改进后的真实表现。

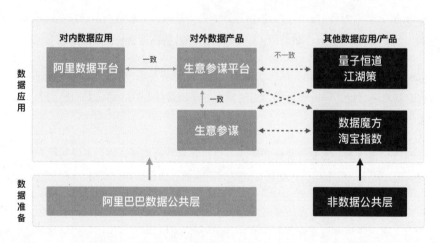

图 3-55 不同数据产品的数据不一致

由图 3-55 可见，阿里巴巴数据公共层建设和上层数据产品的统一化，已经将面向小二的数据平台统一到阿里数据平台中，将面向商家服务的生意参谋 1688 版、淘宝版、天猫版等多个业务版本统一为商家端数据产品平台——生意参谋平台，并且将阿里数据平台和生意参谋平台依赖的数据全部迁移至阿里巴巴数据公共层中，从而实现一致性。

但在当时，还有面向商家服务的若干个数据产品，依然依赖着后来整合到阿里巴巴数据公共层的其他数据体系。重点是，这么多的数据产品、数据体系，必然没法很好地服务小二、服务客户。

在当时，我们面临着各种抱怨、不满以及期待，这些对我们而言，既是压力也是动力。所以，我们在后来的阿里巴巴数据公共层建设第二阶段二期中追加了很多面向应用的数据建设子项目，而在与之并行推进的上层数据产品统一化工作中，非常重要的一个组成部分就是将商家端数据产品统一整合到生意参谋平台中。

3.6.2 智能化增长时期：无数据则不智能

随着阿里巴巴数据公共层建设项目的持续推进，阿里巴巴逐步建立起一个既"准"且"快"的"全""统""通"的智能大数据体系。具体来说，这就是一个标准统一、融会贯通、资产化、服务化、闭环自优化的智能大数据体系，并以此来驱动创新。

图 3-56 所示的是云上数据中台赋能业务、驱动创新的四大典型应用场景——全局数据监控、数据化运营、数据植入业务和数据业务化。

需要说明的是，这四大应用场景仅代表阿里巴巴数据价值化中比较典型的场景。

全局数据监控

如战略决策的智能方案：最大限度降低数据分析的难度，最大程度提高数据分析效果，同时于于不动声色中传递品牌价值，以高效优质地辅助战略决策和数据化运营

数据化运营

如用户管理的智能方案：基于全链路全渠道的数据构建数据连接与萃取管理体系，对用户进行全生命周期的精细化管理（如智能CRM）

数据植入业务

如营销推广的智能方案：从前期的人群分析和精细化圈选，到中期千人十面、百面和千面的触达，再到后期的数据监测和迭代优化，实现全链路数据化营销（如智能推荐）

数据业务化

如零售管理的智能方案：规避传统零售的松散式管理，库存、定价、补货、销售、……统一协同，整体提升线上线下零售体验和效果（如生意参谋）

图 3-56 云上数据中台赋能业务、驱动创新的四大典型应用场景

1. 全局数据监控

在数据赋能业务的领域里，最早也是永不过时的应该算是全局数据监控了。

在阿里巴巴，全局数据监控在这些年有了很多变化：从早期的数据报表，到今天的数据大屏；从早期的以总结复盘为主，到今天的商业活动全流程监控；从早期的单向服务，到今天的双向闭环服务；从早期的被动支持，到今天的主动创新服务。

在阿里巴巴数据赋能业务的整个服务探索过程中，服务受众也从早期的单一对象变为今天的多种对象，包括阿里小二、阿里客户（如商家、IP 拥有者、内容生产者等）、社会大众（如媒体、消费者等）。

（1）赋能阿里小二的全局数据监控，例如 2015 年某一天的阿里数据平台产品——直播厅的实时监控（此为演示图片），如图 3-57 所示。

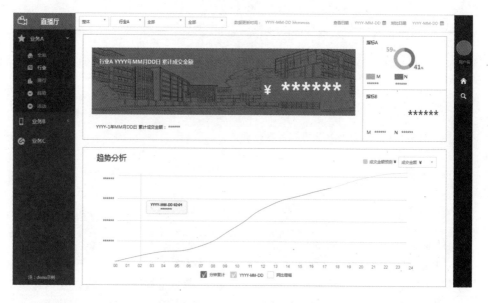

图 3-57 赋能阿里小二的全局数据监控案例

（2）赋能社会大众的全局数据监控，例如阿里巴巴战略数据大屏（其中的数据均为演示数据），如图 3-58 所示。

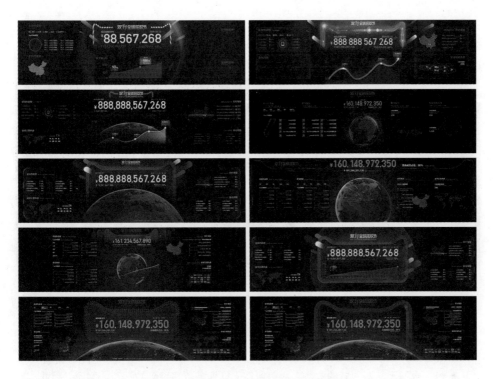

图 3-58　赋能社会大众的全局数据监控案例

（3）赋能阿里客户的全局数据监控，例如在 2016 年和 2017 年双十一期间，生意参谋平台中的数据产品——数据作战室提供的商家数据大屏，如图 3-59 所示。

图 3-59　赋能阿里客户的全局数据监控案例

（4）赋能阿里生态中更广泛客户的全局数据监控，例如在 2017 年双十一期间的银泰商场互动数据大屏，如图 3-60 所示。

图 3-60 赋能阿里生态中更广泛客户的全局数据监控案例

2. 数据化运营

曾经，数据团队对业务的支持主要停留在"让业务人员看到数据"的层面。因此，数据化运营也只是停留在设想阶段，最初也只能是提供多个片段数据给运营小二，至于各个片段数据的关系及这些数据意味着什么，就不得而知了。更进一步，由专业的分析师将多个片段数据进行组合、串联，并结合业务背景与目标等，得出分析报告，进而辅助运营决策。在阿里巴巴，在相当长的一段时间内，数据团队与业务团队之间是不直接对接的，中间是由分析师团队来桥接的，以实现数据辅助运营决策。这种方式需要付出较高的代价，且投入产出比不高，更容易产生代差且不利于创新。

随着阿里巴巴数据公共层建设项目的推进，我们鼓励在阿里巴巴数据公共层之上的数据应用层百花齐放，以及统一产品平台、深入打造数据产品。于是，我们以数据化运营为目标将很多分析师、有数据化运营经验的运营小二的思路沉淀到数据产品中，使得数据化运营成为阿里小二所具有的较为普适性的基本能力，而能力强的分析师和运营小二则可以在此之上进行更多高深层次的数据化运营探索。

下面通过一个流量运营的例子来说明数据化运营的一般步骤。

（1）查看全网大盘的统计指标，例如淘宝全网的 UV、会员数、点击转化率及其同比、环比等。当运营人员在查看这些数据并发现数据下跌时,他会进一步想,数据为什么下跌了?具体是哪里下跌才导致整体下跌了呢?

(2)查看淘宝网首页的流量来源去向分析图。从中可以知道流量的来源和去向,进而分析:为什么进入淘宝网首页的流量有 28% 聚焦到了 A 频道,而不是我想引导进入的 B 频道?为什么很多流量在淘宝网首页就直接流失了?

(3)查看整个淘宝网首页的点击分布热力图(这是一种页面可视化表达方式)。据此可以知道:①在该页面上,到底哪个位置引导用户去往 B 频道的流量流失得多?于是很可能会发现有些位置引导的用户体感很差,让用户不好懂,导致用户选择其他友好的引导或者直接流失;②淘宝网首页的右侧某个位置有大量流量,但用户点击进入后却流失了,而这里是之前没有足够重视的;③结合人群分析,还有可能发现某个位置流量很多,但人群分布趋向于几类有代表性的用户群体,于是很可能得出多个可执行结论,即替换不合适的素材,修订不合适的文案,调整发力重点,根据不同位置的不同特点或者同一位置的不同人群进行个性化引导等。

(4)调优,监控,再调优。将上述可执行结论直接应用到业务系统中,运营人员可以有的放矢地调节页面布局及素材摆放等。

以"根据不同位置的不同特点或者同一位置的不同人群进行个性化引导"为例,运营小二可能有两类素材:一类素材是编辑撰写的;另外一类素材是视频剪切的,每一段只有十几秒精华内容,目的是吸引用户产生兴趣,引导其点击并查看更多内容。但因为引导页面的空间有限,一次只能放 3 个素材,而备用素材远远不止 3 个,且并非我们认为好的素材用户就会喜欢,于是,我们对于不同的用户群体使用不同的素材,并根据用户行为调优直至达成目标。

再来看一个数据化运营的例子。如图 3-61 所示,这是一个借助数据全链路,高质量地运作一个 IP 的例子。

图 3-61 数据化运营案例

图 3-61 中所示的是 2017 年热播的一部电视剧，该电视剧在优酷土豆独家播放 10 天，播放量即突破 60 亿人次，属于"现象级 IP"。但这样的"现象级 IP"并不是偶然产生的，除资本投入等因素外，数据化运营在其中发挥了巨大作用。

（1）事前：充分进行舆情分析，通过监测文学类内容排行榜，及时发现观众兴趣偏好，从而及时独家采购了这个 IP。

（2）事中：实时监控流量变化、播放情况，并对用户进行全面分析，包括流量来源分析、用户画像、舆情分析等，从而及时调整流量入口，有针对性地将内容推送给目标用户。这里要特别强调"实时"的重要性，如果等到第二天才做流量分析，则很有可能已经错失制造热点话题的良机。另外，可以从多个角度对流量变化、播放情况等进行实时监控，例如我们对另一个 IP 监控则是从观看人数、剧情评价、点击后退出次数与人数、点击快进次数与人数等方面展开的。运营是可以因片（影片）、因时、因地制宜的。

（3）事后：要形成闭环，需要在事后及时总结和复盘、积极进行用户沉淀、挖掘相似内容等。当一个"超级 IP"带来大量流量时，会吸引很多广告主投放广告，但如果之后的流量大幅度下降，并且无后继 IP 维护或者补上流量，则不仅不利于网站本身的稳定性，也会在一定程度上影响广告主长期投放广告的信心。

站在业务人员的视角来看，"1000 万个 UV"这个数字本身并不是他们想要的，因为这仅仅是一个数字。1000 万个 UV 到底是如何组成的？如何提高并达成 1200 万个 UV 的业务目标？这些才是业务人员想要的。所以，运营小二想要的并不只是一张能够看到数据的报表，而是可以指导运营、直达业务目标的数据化运营思路。

因此，数据人员要想在赋能业务方面有所突破，首先要突破的是自我意识，应该和业务人员站在一起思考，而不是站在业务人员的后方，认为自己只是一个做报表的。自我意识的突破远比被动地支持业务更受业务人员的欣赏，这样也才有创新的可能性！

3. 数据植入业务

数据不仅可以在全局监控、数据化运营等一般业务流程中，或者对接到业务流程的场景中发挥作用，还可以深深地植入业务流程中。图 3-62 所示的是将数据植入广告业务的各环节中，这是一个非常典型的数据植入业务的案例。

传播效果期望	◉ 认知	♡ 兴趣	🖑 行动	
广告产品设计	广覆盖	高精准	重定向	创新模式
数据植入业务	广告售卖系统	实时广告竞价系统	广告投放系统	创新模式支持

图 3-62　数据植入业务的案例

阿里妈妈业务所产生和应用的数据量，在阿里生态业务中的排名是非常靠前的。那么，大数据在广告业务服务中的应用到底有多深入呢？

（1）在广告业务服务中，可以将数据植入广告售卖系统、实时广告竞价系统、广告投放系统中，以及当前正在探索的各类广告创新业务模式中，大数据几乎可以无处不在。例如：

- 在广告售卖系统中，大数据可以辅助评估可投放的位置和可投放的内容，进而基于目标人群需求进行内容圈选。

- 在实时广告竞价系统中，大数据可以辅助实现广告主的需求、判定目标用户、确定投放素材。
- 在广告投放系统中，大数据可以通过跨屏识别的数据能力，实现跨屏投放广告及调控投放频次。

（2）在广告服务的传播效果方面，大数据也有很大的存在价值。

在广告产品设计中，有两个非常重要的对象——"人"和"内容"。我们需要将合适的"内容"在合适的时机推送给合适的"人"。对"人"和"内容"的刻画尤为重要。当我们努力将合适的"内容"在合适的时机推送给合适的"人"时，也会给予"人"一个成长周期（从"认知"到"兴趣"再到"行动"，这是一个培育的过程）。大数据对"人"的把握，也不是一味地追求完全精准，关于"人"的识别质量会分为"一般质量""高质量"和"高价值"，关于"人"的刻画也会考虑不同的维度。

（3）对广告服务系统的产品设计而言，大数据也是不可或缺的促成要素。

- 在"人"的"认知阶段"，主要考虑"广覆盖"，即覆盖尽可能多的人群，尽可能不丢失有可能会转化的人群。因此，此时需要对人群进行分类，如可以按地域分为全国、省份、城市等；还需要对各种资源进行分类，如分为头部资源和非头部资源，甚至更细。
- 在"人"的"兴趣阶段"，主要考虑"高精准"，即对前一个阶段的广告效果进行分析，根据人群的反馈定位目标人群。例如，通过人群标签圈选目标人群，通过明星的粉丝效应、与明星有关的内容及明星广告，定位粉丝用户等。
- 在对"人"的"重定向阶段"，则是基于前期的广告效果反复影响和加深"人"的兴趣，并促使其产生"行动"，从而达成广告目的。例如，基于行业投放用户的重定向、基于历史认知和兴趣用户的重定向等。
- 当前，广告业务正在探索很多创新模式，如原生植入、IP 衍生品精准定向、品牌营销业务模式探索等。大数据必然会在其中发挥越来越大的作用。例如，与原生植入相关的"边看边买"的人、货、场匹配，与 IP 衍生品精准定向探索相关的 IP 衍生品业务的授权匹配等。

以上仅是广告服务系统中的一个场景化案例。实际上，在诸如搜索、智能推荐、交易系统等业务流程中，大数据植入与赋能无处不在。

4. 数据业务化

阿里巴巴的业务数据化,不仅是指阿里小二实现业务数据化,也包括阿里平台中数量非常庞大的商家的业务数据化。用数据帮助阿里平台上的商家实现业务数据化,在某种程度上也算是一种数据业务化。

下面以阿里巴巴统一数据产品平台生意参谋为例来介绍如何实现数据业务化,如图3-63 所示。虽然当前生意参谋平台的用户已经不止商家了,但商家依然是其中的重头用户。

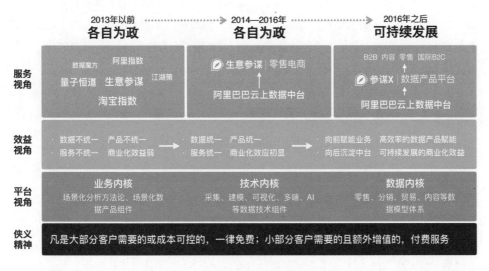

图 3-63 数据业务化案例

生意参谋是阿里巴巴帮助阿里客户实现业务数据化的统一数据产品平台。生意参谋为阿里客户(包括商家、IP 拥有者、内容生产者等)提供普惠性和增值性数据赋能服务,这源于最初规划生意参谋时的那颗初心,即"凡是大部分客户需要或成本可控的,一律免费;小部分客户需要的且额外增值的,付费服务"。

生意参谋在帮助商家及阿里生态内更广阔领域中的客户实现业务数据化的同时,也探索出一条数据业务化之路。

(1)帮助客户推进业务数据化。当前,生意参谋服务着千万级阿里生态客户。截至2016 财年,生意参谋累计服务商家已超过 2000 万家,月服务商家超过 500 万家;在月成交额在 30 万元以上的商家中,逾 90% 的商家在使用生意参谋;在月成交额 100 万元以上的商家中，逾 90% 的商家每月登录生意参谋超过 20 次。

（2）探索数据业务化之路。在生意参谋平台的数十个产品中，只有为数不多的几个产品（数据作战室、市场行情、竞争情报等）因额外增值而提供付费服务（2016 财年实现营收数千万元，2017 财年实现营收数亿元，2018 财年在 2017 财年营收的基础上翻倍）。

业务数据化与数据业务化是数据价值化的两大方向，却密不可分。全局数据监控、数据化运营和数据植入业务是三类很典型的业务数据化场景。而数据业务化是希望数据本身可以成为一种业务模式。阿里巴巴在这个方面做了不少探索，例如阿里金融业务、网上银行业务等。业界关于数据业务化的尝试也非常多，但往往容易陷入卖数据、泄露数据隐私的泥潭中。阿里巴巴对此的态度是非常审慎的，在数据安全方面（特别数据隐私保护方面）投入巨大。

3.6.3 大数据引爆"双十一全球盛典"

随着电商业务的迅速增长，阿里巴巴拥有的商业数据规模也在日益增大。

最初，数据在自我野蛮增长中追随业务。伴随着运营活动和产品体验的不断提升，对商业场景状况的取数分析与简单的数据呈现已经无法满足各种场景的需求，即，业务人员已经不满足于只是看到片段式数据，他们希望在看到数据的同时用好数据，在"看"和"用"之间将数据流转起来。因此，全链路数据分析及更丰富的数据可视化展现，成为时代发展的趋势。既"准"且"快"的"全""统""通"的智能大数据体系因其在业务和技术上有助于驱动商业活动，而成为数据支撑业务增长诉求的一个重要研究课题。

从 2012 年开始，我们走上了"阿里巴巴云上数据中台赋能业务"之路。我们不断探索如何在标准、高效地构建与管理智能大数据体系的同时用好数据，使之回馈商业活动，提升商业效益，以及从数据本身出发深度发掘数据价值，并取得了不错的成绩。

自 2009 年的首个双十一开始，到 2013 年的首块双十一媒体数据大屏，2015 年首次基于阿里巴巴数据公共层的双十一，再到 2017 年数据赋能双十一全球狂欢，以及未来无限可想象的空间，双十一在阿里生态内乃至全球都展现出不容被忽视的风采。所以，下面以双十一为例，重点阐述阿里巴巴云上数据中台如何赋能业务，帮助读者了解这段从"数据可有可无"到"无数据不智能"的求索过程。

从图 3-64 中可以看出业务的快速发展与数据能力的提升是交织着并共同高速发展的

（图中数据均来自于公开财报）。

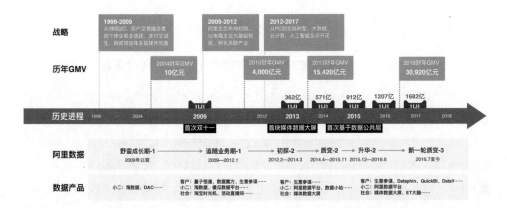

图 3-64　云上数据中台赋能双十一暨数据与业务交织前进图

阿里巴巴坚持"客户第一"，这一点深入人心，云上数据中台也不例外。正如 2.3.1 节中所述，"阿里巴巴有数十个甚至上百个 BU，以及三大类受众，即阿里小二、阿里客户、社会大众。他们基于同一个数据体系，同一份可复用的数据，通过不同但分类有序的平台获得服务。"双十一亦然。

图 3-65 所示为数据赋能双十一的"三大战区"——面向社会大众的媒体数据大屏和 PR 播报，面向阿里小二的阿里数据平台及其无线端 APP，面向阿里客户（主要是商家）的生意参谋。

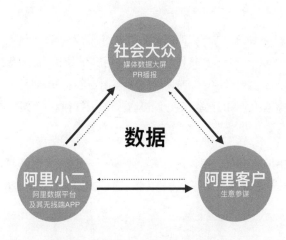

图 3-65　数据赋能双十一的"三大战区"

尽管如此，我们还一直以"自己做的还不足够，还有很多地方可以提升"来严格要求自己，不会眼高手低，自以为是。所以，我们一直很认真地对待其中的诸多挑战，并乐在其中。直到今天，我们依然在不断探索，这个历程充满挑战又充满刺激！

在双十一中，具体需要面对的现实挑战和解决策略至少有如下三个方面。

首先，在业务上，要求数据产品的服务从"看到数据"提升到"用好数据"。于是，我们让社会大众端、小二端、客户端可以同时看数据和用数据，并且在全局数据监控与多种数据化运营、数据植入业务场景中联动三端，促成商业活动闭环。例如，小二根据全局数据监控结果，可以快速判断和调整数据化运营方案，并快速直达和影响到客户；客户的决策和执行结果能够快速反馈给小二，进而让社会大众通过媒体端看到全网的数据。

其次，在技术上，要求以既"准"且"快"的智能大数据体系驱动商业活动，辅助（甚至部分引领）业务快速增长。于是，我们在建设阿里巴巴数据公共层时，将 OneData 体系特别是其方法论升级以指导整个阿里巴巴数据公共层建设，更特别启动实时数据公共层建设专项，在探索实时计算数据技术的同时，构建了阿里巴巴实时数据公共层，同时确保当天实时计算数据与次日离线批量处理数据结果高度一致，甚至一模一样。

最后，在体验上，要求实现全链路、可视化的数据交互与视觉体验创新。于是，我们尝试让 PC 端和无线端形成合力，从而更好地连接人、数据、商业等，以顺应并培养用户数据习惯；尝试让小二和商家形成合力，以数据为纽带助力并联动行业运营小二和商家的数据化运营，以推进业务数据化与数据业务化。

以上诉求和挑战，存在于每一天的商业活动中，不为双十一所独有，但双十一是其中最为典型的场景。在双十一当天，每秒有数不清的用户在搜索、点击商品、下单……小二期望能够对商家、商品实时调控，以帮助优质商家、优质商品得到高关注；商家期望基于数据理性且及时地调整货品和营销策略，以提高转化、获得收益；媒体希望可视化挖掘社会热点，如挖掘"×× 分布类""×× 之最类"等类型数据。

承载了太多的期盼与责任，那么我们是如何在双十一当天实现最完美的数据赋能业务的呢？每年的双十一，我们都会做好全方位保障工作，例如 2016 年的双十一，如图 3-66 所示。

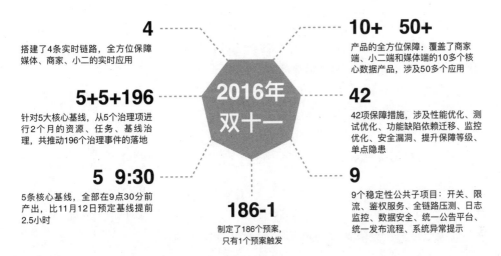

4

搭建了4条实时链路，全方位保障媒体、商家、小二的实时应用

5+5+196

针对5大核心基线，从5个治理项进行2个月的资源、任务、基线治理，共推动196个治理事件的落地

5　9:30

5条核心基线，全部在9点30分前产出，比11月12日预定基线提前2.5小时

2016年双十一

186-1

制定了186个预案，只有1个预案触发

10+　50+

产品的全方位保障：覆盖了商家端、小二端和媒体端的10多个核心数据产品，涉及50多个应用

42

42项保障措施，涉及性能优化、测试优化、功能缺陷依赖迁移、监控优化、安全漏洞、提升保障等级、单点隐患

9

9个稳定性公共子项目：开关、限流、鉴权服务、全链路压测、日志监控、数据安全、统一公告平台、统一发布流程、系统异常提示

图 3-66 数据赋能双十一的全方位保障工作

对待技术，对待数据技术，对待数据赋能业务，我们是认真的——认真地准备，认真地执行。在 2016 年双十一期间，我们得到了如图 3-67 所示的近乎完美的回报。

秒级

2016年双十一媒体直播大屏数据更新周期为2.5秒，在2013年正式推出第一块媒体数据大屏时，这个数据还是1分钟

亿级/秒

2016年双十一当天实时数据每秒处理的数据量，相当于1秒钟就看完了100多部优酷高清电影

百亿级

2016年双十一当天提供的数据服务被调用次数

百万级

2016年双十一当天，有222万商家通过使用生意参谋来关注自身业务在双十一中的表现

万级

2016年生意参谋平台中的增值服务产品数据作战室为万个商家服务，万块商家大屏、点亮双十一

图 3-67 2016 年双十一的数据化表现

我们一次又一次地用事实证明：阿里巴巴以极致追求赋能与价值挖掘的大数据产品，以极致追求的大数据技术构建的智能大数据体系，以极致追求用户体验的大数据可视化诠释，一年又一年全面引爆双十一全球盛典。

前面提到了阿里巴巴大数据赋能双十一的"三大战区"：面向社会大众的"媒体数据大屏和 PR 播报"、面向阿里小二的"阿里数据平台及其无线端 APP"、面向阿里客户（主要是商家）的生意参谋。下面分别阐述大数据对社会大众、小二、客户的影响。因为社会大众对数据大屏有比较多的认知，所以这里重点阐述"大数据与民狂欢"，而"大数据助力小二"和"大数据赋能客户"则点到为止。

1. 大数据与民狂欢

双十一在阿里生态内乃至全球都展现出不容被忽视的风采。但社会大众对数据大屏有比较多的认知，这也许是因为全球直播的媒体数据大屏及其表现出来的炫酷效果吧。事实上，媒体数据大屏是一种巨幕型的数据大屏，只是若干种数据大屏中的一种。

数据大屏分为巨幕型、大屏型、PC/TV 型三种，如图 3-68 所示。

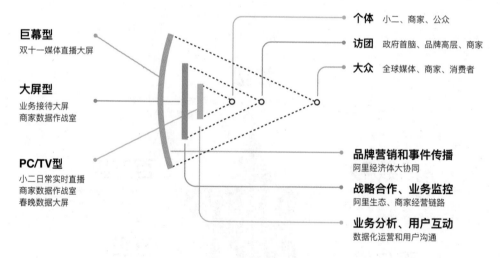

图 3-68 三种类型的数据大屏

数据大屏并不仅仅只是炫酷的外表，更有着深刻的内涵，即实现文化传播、商业目标、数据价值与社会大众诉求等的全面融合，如图 3-69 所示。

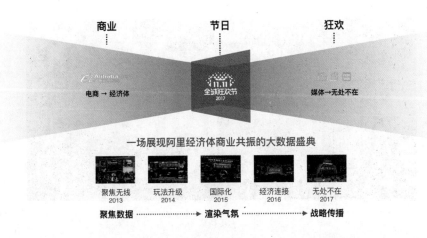

图 3-69　历年双十一数据大屏的炫酷外表与其深刻的内涵

随着阿里生态的不断成长，以及阿里巴巴的既"准"且"快"的"全""统""通"的智能大数据体系的构建及其在驱动商业活动、辅助甚至引领业务快速增长过程中的不懈努力，数据大屏承载的内涵也从聚焦数据、渲染气氛转向传播阿里巴巴战略，进而让双十一成为一场展现阿里巴巴经济商业共振，乃至全球共享的饕餮盛宴。

2017 年是阿里巴巴举办双十一活动的第 9 年，数据大屏也迎来了第 5 个年头，双十一已从一个传统的电商大促活动变为全球狂欢节。双十一数据大屏则成为阿里巴巴与社会大众最好的连接渠道，让媒体、消费者等社会大众与阿里巴巴在数据层面实现了信息对称，让双方之间有了互通有无的渠道。

下面摘录了三种类型的数据大屏的演示和现场的图片记录，以此来解读阿里巴巴数据大屏。

（1）巨幕型数据大屏真实图片。

图 3-70 所示的是在 2017 年双十一当天，面向社会大众的巨幕型媒体数据大屏之战略屏现场。该屏显示的是当日成交额超过 100 亿元时的"彩蛋"。

图 3-70 巨幕型媒体数据大屏之战略屏现场

图 3-71 所示的是在 2017 年双十一当天，面向社会大众的巨幕型媒体数据大屏之"上海新零售云图"现场。在双十一当天，除战略大屏外，还有"上海新零售云图"这类的城市屏等具有多种不同视角的数据大屏。

图 3-71 巨幕型媒体数据大屏之"上海新零售云图"现场

（2）大屏型数据大屏的真实图片。

图 3-72 所示的是 2017 年双十一当天赋能阿里生态的数据大屏现场。这里以银泰商场的互动数据大屏为例，当时，51 家银泰商场的 51 块互动数据大屏在 48 小时内不间断直播，线上线下同步，有上百万人在疯狂摇红包，畅享双十一。当日银泰商场的客流同比、

销售额同比都有巨大增长，数字化会员数也有相当大的突破。

图 3-72 大屏型媒体数据大屏现场

（3）PC/TV 型数据大屏的真实图片。

图 3-73 所示的是 2016 年、2017 年双十一当天统一数据产品平台——生意参谋为商家量身定制的高端产品数据作战室现场，既有面向 PC 端的展示也有面向 TV 端的展示。

图 3-73 PC/TV 型媒体数据大屏现场

如此炫酷且有血有肉、有情感、有内涵的数据大屏是如何炼成的呢？下面以 2017 年双十一当天的数据大屏为例加以剖析。如图 3-74 所示为 2017 年双十一媒体数据大屏现场照片。

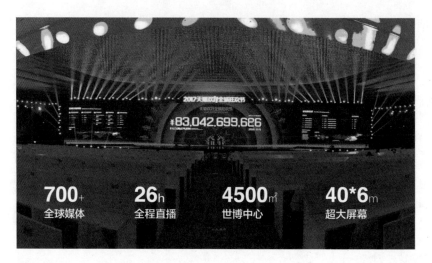

图 3-74 2017 年双十一媒体数据大屏

数据大屏家族不是一蹴而就的，而是历经千锤百炼而成的。

2013 年，阿里巴巴推出首块双十一媒体数据大屏。2015 年，阿里巴巴在媒体数据大屏实现技术突破的同时，首次在生意参谋中推出商家数据大屏。如图 3-75 所示的是关于数据大屏的设计方法论和设计思路。当然，每一年我们都在不断探索，我们会不断赋予数据大屏更多、更新的内涵。

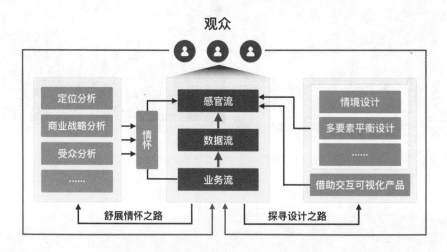

图 3-75 数据大屏设计方法论和设计思路概述

数据大屏的设计方法论和设计思路包括以下 3 个部分。

（1）从业务流到数据流，再到直达观众的感官流，进而从感官流反馈并影响业务流，这是一条闭环自优化的主线路。

（2）从业务流出发，在业务流与感官流之间，需要融入情怀。在这个情怀融入之路中，有几项重要的分析，包括定位分析、商业战略分析、受众分析等。

（3）从业务流出发，为了让感官流得以完美展现，则需要充分考虑设计因素及产品支撑。而在这条探索设计之路中，关于情境的设计，以及综合包括数据、时间、空间、听觉、视觉、感觉等在内的多个要素之间的平衡设计都是决定设计完美与否的因素。与此同时，一款支持交互与可视化设计高效实现的工具型产品是不可或缺的。

我们认为，每一块或者每一个系列数据大屏都会从业务流出发，贯通数据流，最终通过感官流触达观众，形成包括听觉、视觉、感觉等在内的感观环绕与冲击。

对每一块或者每一个系列打动人心的数据大屏来说，能否在最终的感官流中融入情怀则是非常重要的，否则，数据大屏很有可能会变成徒有炫酷外表的"绣花枕头"。在数据大屏设计中能否融入情怀，是能否引起观众产生共鸣的关键，要实现这种设计不可勉强为之，应该是在充分理解业务的基础上润物细无声般地融入情怀。下面以双十一媒体数据大屏为例，具体介绍促成数据大屏设计中融入情怀的几个重要分析。

（1）定位分析。例如，从变化中看双十一数据大屏的定位。

从 2009 年到 2017 年，从 2013 年到 2017 年，9 年双十一，5 年数据大屏。阿里巴巴在变，双十一在变，受众也在变，数据大屏自然也在变：阿里巴巴从传统电商向世界第五大经济体迈进；阿里巴巴双十一已从传统的电商大促转变为一个全球狂欢节；双十一已经不仅仅是阿里巴巴的，已然成为全社会共享的，是每一个消费者、每一个品牌、每一家快递公司、每一个网站、每一个商业体共同的双十一！双十一无处不在，双十一数据大屏因其定位为阿里巴巴与社会大众最好的连接渠道，其内涵也从聚焦数据、渲染气氛转向传播阿里巴巴战略，从而帮助双十一成为一场展现阿里巴巴经济与商业共振、全球共享的饕餮盛宴。

（2）商业战略分析。例如，基于商业战略分析思考双十一媒体数据大屏。

经济体是一个共生圈。基于移动互联网，阿里巴巴对人、货、场进行了新一轮的重构，引领着传统零售开始向新零售转变。双十一也从较为单纯的淘宝、天猫等线上业务，向盒马鲜生、天猫小店等线下零售布局。双十一开始变得无处不在。

（3）受众分析。例如，通过分析找准双十一媒体数据大屏的受众。

双十一媒体数据大屏最主要的受众是媒体、商家和消费者，而不同受众有着不同的诉求和场景，因此应有不同的大屏策略。

- 媒体：数据大屏展现的是阿里巴巴的战略方向，即用数据来描绘双十一的商业与人文，这也是媒体关心的。
- 商家：聚焦具体的业务节点，比如竞争排行、流量等。此外，商家还有很多特殊的场景，例如，在企业内部举行双十一晚会并将生意参谋数据大屏作为背景，其中有不少商家因此走上央视的财经频道直播。
- 消费者：他们最关心的是实惠，以及与自身有关的话题性新闻。例如，红包互动就是一种有效且有趣的沟通方式。

下面介绍一下从业务流出发为让感官流得以完美展现涉及的设计因素及产品支撑。

（1）情境设计，即在数据盛典中充分把握和调动观众的情绪。

以往的双十一数据大屏，更关注数据大屏本身的设计，而忽略了现场设计和媒体的感受。在双十一期间，媒体是阿里巴巴向全球消费者传递阿里巴巴战略非常重要的渠道。如何将双十一办成一场全球实时直播的数据盛典，让现场的媒体参与其中，这是我们面临的一大难题。从 2016 年双十一开始，我们认真思考，最终较好地解决了这个难题，并在持续优化着解决方案，具体介绍如下。

- 在双十一当天零点之后，所有人的关注点全部聚集在 GMV（成交总额）上，期待奇迹的诞生，所以我们需要设计一个极简翻牌器。
- 当销售额达到 100 亿元时，所有的能量汇聚成一个令人震撼的数字"彩蛋"，引爆全场气氛，人们开始拍照，开始传播相关话题。
- 轮番展示各类数据大屏，其间，再配合不同的"彩蛋"，调动大家的情绪。
- 快到 24 点时，再次开启极简翻牌器，让所有人一起期待着新纪录的诞生。

（2）多要素平衡设计。从商业战略分析到数据可视化，从情绪调动到动效表达，数据大屏设计的核心是要综合考虑数据、时间、空间、听觉、视觉、感觉等多个要素，从而引发大众的狂欢。

- 首先，根据对阿里巴巴的战略分析，以 2017 年双十一数据大屏为例，展现出"阿里经济体、新零售、全球和区域经济以及天猫理想生活"的概念。
- 其次，在数据可视化上，要完全贴合"阿里经济体、新零售、全球和区域经济以及天猫理想生活"加以设计，用不同元素加以体现。
- 再次，在情绪调动设计上，分为情绪紧张期、心潮澎湃期、情绪平稳期、情绪高潮期四个阶段，充分调动大众的情绪。

（3）借助交互可视化产品。每一个大屏都要具体分析、具体设计、具体实现。在经过前述思考和行动之后，需要有一款工具型产品支持高效实现交互与可视化设计。

以前，很多人都认为在数据大屏中只能借用各种图表组件单纯地展现数据，这种数据大屏冷冰冰的，没有情感也没有温度。事实上，阿里巴巴双十一数据大屏用数据可视化的方式将业务、数据以及人的感官连接在一起，赋予了数据大屏新的意义——多种多样、炫酷且有血有肉、有情感、有内涵。我们相信，这种数据可视化是一种传播阿里巴巴战略和影响社会，甚至改变人们生活的有益方式。

2．大数据助力小二

在阿里巴巴，数据分析是所有员工必备的技能，而这其中必然离不开大数据。阿里巴巴服务小二的数据产品体系不是一成不变的，而是伴随着业务、大数据行业的高速发展一起成长起来的，其大概经历了四个阶段：临时需求阶段、报表阶段、自主研发 BI 工具阶段、数据产品平台阶段。

随着业务的发展，以及阿里巴巴数据公共层建设的推进，很多服务垂直业务的数据团队逐步融合进数据中台团队。基于以下两方面的思考和现实诉求，"阿里数据平台"应运而生。

一方面，为规避重复建设，形成合力而提升服务效能。

另一方面，由于业务对数据的诉求越来越精细化和多元化，除基于 BI 工具获取数据进行日常监控外，还需要将特定业务场景的分析思路固化在产品里，以产品化分析来替换分析师的"人肉"分析，并快速支撑大数据应用到如搜索、个性化推荐、选品选商、专场搭建、数据效果跟踪等一整套闭环分析场景和业务系统中。

为解决这样的现实诉求，阿里数据平台从诞生之初，既要有所突破，又要联合多方进行整合，如图 3-76 所示。

之前产品(15款以上)	整合后产品(7款)	之前产品状况
淘宝大盘、天猫大盘 活动直播间、1688直播厅	直播厅	四套雷同产品，数据不一致， 需求响应速度慢，用户体验差
交易分析 开天眼	行业360	行业数据分散，获取数据难； 行业运营小二数据分析能力参差不齐，需要有系统化的分析产品辅助
快门、ADM 取数模板	快门	三套雷同工具，且没有一套工具功能完善，用户体验不好
iData 七巧板	数据小站	数据分散，缺少自助建站工具
卖家云图 黄金策	黄金策	两套雷同工具，用户体验不好，且没有一套工具功能完善
页问 A+	A+	两套雷同产品，数据不一致，用户体验不好
阿里数据APP	阿里数据平台 APP端	之前主要在淘系

图 3-76 2015 年前后服务阿里小二的数据产品整合思考

阿里数据平台的目标是，打造面向阿里生态内小二的一站式数据获取、数据分析、数据应用的数据产品平台，并同时支持 PC 端和 APP 端。其共有 4 个层次的产品服务[1]，自下而上分别是数据工具、专题分析、应用与分析、数据决策，如图 3-77 所示。

[1] 这里所述的四个层次的产品服务（见图 3-77）涉及的产品名及前文所述的 2015 年前后整合产品清单（见图 3-76）中的产品名均为阿里巴巴内部使用产品名，不涉及对外商业用途。

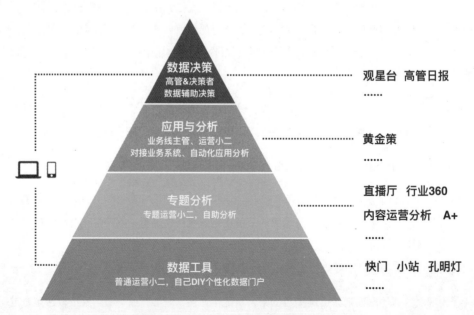

图 3-77 阿里数据平台的四层数据产品服务体系

（1）第一层，数据工具服务。

阿里巴巴内部的普通运营小二都有查看或分析业务数据的需求，所以，阿里数据平台提供了最基础的报表工具供小二自助获取数据、多维分析、DIY 个性化数据门户。对应的产品主要是阿里巴巴自主研发的多种 BI 工具（如快门、小站、孔明灯等），并且集成这些产品力量的综合产品 Quick BI 产品已经走在面向阿里生态外的客户提供服务的道路上（详见 5.2.1 节中关于云上数据中台核心产品 Quick BI 的阐述）。

（2）第二层，专题分析服务。

对于专题运营，小二（如行业运营小二）对类目分析有着强烈的诉求，平台按照分析师沉淀的成熟分析思路组织数据，帮助行业运营小二自助分析行业异动的原因，以及行业潜在机会，以期实现"人人都是分析师"的目标，从而提高数据化运营的效率和质量。专题分析服务对应的产品主要有如下几种。

- 直播厅：辅助业务根据实时数据调整资源及分配流量。
- 行业 360：行业一体化分析产品，从行业视角提供 360° 数据披露及沉淀数据分析思路。
- A+：流量分析产品，从流量视角积累并提供流量相关数据，包括对站点、页面、区块、位置的浏览、曝光、点击分布数据，以及获得资源位的活动投放数据等进行数据分析。

（3）第三层，应用与分析服务。

在前台业务系统的流程链路中，数据是其中不可缺少的要素，所以，平台提供了面向应用的数据服务对接前台业务系统。例如，在日常营销活动中，需要选择商品和商家搭建专场活动，那么如何选择商品和商家，以及选择什么样的商品和商家，对整个活动来说非常重要，完全靠人工筛选效率会受到很大的制约。为解决此问题，我们提供了黄金策等专门的数据产品来完成系统对接，不仅包括数据的对接，同时也包括产品之间的对接。这些数据产品不仅能够通过设定条件筛选出目标数据，还支持自助分析、调整条件，将调优后的结果直接对接前台的应用系统，从而友好地满足个性化推荐、选择商品和商家、搭建专场活动等需求。

（4）第四层，数据决策服务。

高层管理者和决策者既需要宏观的业务数据，又需要可沉淀的数据，还需要丰富的趋势数据来辅助决策，包括通过数据了解业务进展、判断当前进展是否合理、调整或指定接下来的业务方向等。

针对此类需求，阿里数据平台提供了定制化的数据产品（如全景洞察、高管日报等），为高层管理者提供宏观决策分析服务，包括历史数据规律分析、未来发展趋势预测、全行业动态洞察等。

高度整合但紧紧围绕着阿里生态业务的阿里数据平台，在日常运营活动和重要大促等场景中都发挥着不可或缺的作用。如图 3-78 所示，在双十一、双十二期间，在促销前、促销中、促销后这三个阶段中，阿里数据平台的多款产品形成"组合拳"，具体介绍如下。

- 促销前：通过黄金策对接招商平台，辅助选择产品和商家。
- 促销中：通过直播厅实时监控、分析流量及交易数据，通过实时战报辅助资源的及时调整。
- 促销后：基于"行业 360&A+"等产品进行专题性总结、分析与沉淀。

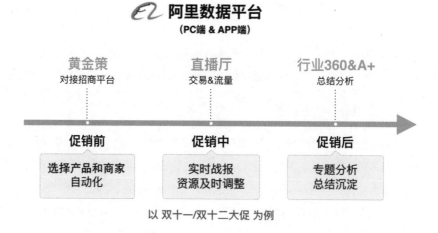

图 3-78 以双十一、双十二为例看阿里数据平台对业务的价值

其中，直播厅属于 PC/TV 型数据大屏，它也是源于阿里业务，服务于阿里小二的。虽然直播厅源于双十一，但目前其在阿里小二的日常工作和大促活动中，以及全局数据监控和数据化运营等场景中，都扮演着日益重要的角色。

直播厅是大数据助力小二工作的代表性数据产品，算得上是久经沙场、历经考验的大数据产品。在直播厅诞生之前，每到大促之时，想知道当前的成交金额达到多少，需要找人"跑"数据；想知道当前无线端的成交金额达到多少，需要找人"跑"数据；想知道自己所关注行业的 TOP 卖家有哪些，需要找人"跑"数据；想知道 KPI 完成率达到多少，需要找人"跑"数据……

各种实时数据的诉求扑面而来，数据分析师和运营人员"吐槽"不断，找人"跑"数据不仅耽误时间，数据计算本身的延迟也会制约各类运营决策。

阿里巴巴直播厅产品于 2014 年 9 月诞生，其首次亮相即完美地支持了淘宝网的九九大促。2014 年 11 月，经过丰富和完善后的直播厅全面满足了 2014 年双十一的多种业务诉求。

3. 大数据赋能客户

阿里巴巴作为一家大数据公司，在推动阿里业务数据化的同时，致力于帮助阿里生态内的客户实现业务数据化。这里的客户包括商家、IP 拥有者、内容生产者等。而生意参谋平台正是这样一个为阿里生态内的客户提供普惠性和增值性数据赋能服务的平台。

从 2016 年 7 月起，我明确不再担任生意参谋平台总负责人。不少同事问过我："这些年的积累，以及关于未来的那么多设想，怎么舍得放下，又怎么能放得下？"我的回答是："让已经能承担得起的人承担，无论功过与是非，而我也该重新起航。放下才能拿起，有舍才能有得。"但我心中的的确确有很多情愫，在很多个夜深人静的夜晚，还会怀念那段岁月，还会潸然泪下。看着生意参谋今天依然茁壮成长，也就少了遗憾，减轻了眷念！

从 2016 年 9 月开始，我转而走向联动阿里生态内外的探索求是之路。但每每想起当年规划生意参谋时及此后的诸多挑战、质疑，甚至是因为误解而来的批判，这颗初心不变、不悔，也因其间的经历而感恩！图 3-79 所示是生意参谋规划与设计之初的思考渊源。

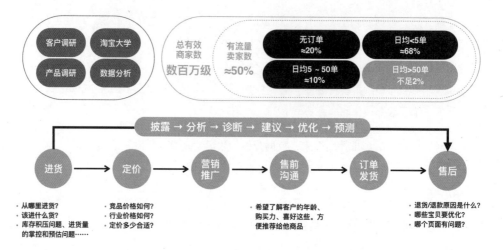

图 3-79 生意参谋平台规划与设计之初的思考渊源

在 2013 年规划生意参谋淘宝版和天猫版时，我及我的"梦想战友"对很多客户及相关产品进行了调研，也参考了淘宝大学中的很多商家培训资料，心中对生意参谋的未来发展已经有一张大致蓝图，但总觉得还缺了点儿什么。于是，我们对淘系全网商家进行了一次详尽的数据分析。

当这份详尽的数据分析结果跃然纸上时，我不禁心酸而泣，也明白了生意参谋缺了什么，那就是直到今天我在做产品时仍然不愿忘记的东西——情怀！

当时，在很多人眼里的"遍地是黄金"的淘宝中，实际上只有大概 50% 的商家是有流量的。而在有流量的商家中，只有不足 2% 的商家日均有超过 50 笔订单，绝大部分商家都活得很不好！当然我们也知道，正如社会财富不会平均分配一样，淘宝平台中的商家也一定是分层的，但如何帮助活得好的商家活得更好、帮助活得不好的商家活下去进而具有活得好的可能性呢？

也许大数据可以贡献一些力量！"凡是大部分商家需要或成本可控的，一律免费；小部分商家需要的且额外增值的，付费服务"这颗初心就在那时萌生了，从开始到现在，从未改变过！唯一变化的是，生意参谋的用户从商家扩展到阿里生态内更广阔领域中的客户。

在这颗初心的指导下，我们开始进行一系列关于产品及产品相关方面的创新思考，例如：

（1）抛开简单的数据报表服务，转为提供在数据披露基础上的深度分析、诊断、建议和优化服务，甚至是一定程度上的预测服务。

（2）与生意参谋同期探索淘系数据体系建设，并进而筹划、推进阿里巴巴数据公共层建设，作为生意参谋等产品的数据基础。

下面简要分享生意参谋这的成长历程和积累沉淀。

生意参谋诞生于 2011 年，其最早是应用于阿里巴巴 B2B 市场的工具型数据产品。2013 年 10 月，生意参谋淘宝版和天猫版开始服务淘系业务。当时，阿里内外相关的服务商家的数据产品一度多达 38 个，并各自为政，不同产品的数据源不同，相同数据指标在不同产品中的计算逻辑不同，这些给商家及小二带来很多困扰。生意参谋以其突破性的产品理念，逐步赢得商家和小二的信赖并从众多数据产品中脱颖而出。

从 2014 年起，在数据上基于阿里巴巴数据公共层、在产品上从报表服务进阶到经营分析的生意参谋，陆续整合了量子恒道、数据魔方等淘系数据产品，并于 2015 年年底升级为阿里巴巴统一的商家端数据产品平台。

当然，生意参谋长达两年的整合升级并不是简单地对多个数据产品进行功能整合，而是在保留其核心功能的同时进行优化，并不断拓展平台的服务能力和服务范围。例如，在整合量子恒道时，在将其大部分功能融合进"经营分析"产品的同时，同步推出"大促活动看板""实时直播大屏""自助取数"等重要产品；在整合数据魔方时，推出产品定位相似却相对有利地保护了数据安全的"市场行情"产品；同步推出"数据作战室"这款风靡众多高端商家的大促利器，联动商家与阿里小二、媒体等社会大众，使其共享阿里巴巴大数据"黑科技"。如图 3-80 所示为 2015 年年底生意参谋平台的功能架构图。

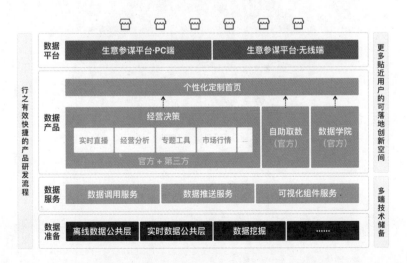

图 3-80 2015 年年底生意参谋平台功能架构图

2016 年，为进一步满足商家的数据需求，我们在门户网站、数据内容和产品形态三个方面对生意参谋进行全新升级。

（1）在门户网站方面，生意参谋在首页支持"多岗多面"及多店融合，商家可根据不同岗位的需求选择在页面中显示哪些数据。

（2）在数据内容方面，生意参谋加强商家后台数据突破，新增物流等环节的数据服务，进一步满足商家全渠道、全链路的数据需求。

（3）在产品形态方面，生意参谋提升基于数据披露基础上的深度分析、诊断、建议、优化，甚至可实现一定程度上的预测。

经过不断拓展，整合升级后的生意参谋已覆盖淘宝、天猫等阿里系几乎所有业务平台和 PC 端、无线端等终端的数据。

全新升级后的生意参谋，在产品矩阵方面，已拥有店铺自有分析、店铺行业分析、店铺竞争分析三大通用业务模块；满足个性化需求的自助取数和多个专题工具也发展壮大；以生意参谋技术后台承载的数据、接口、可视化组件及页面等为原材料，个性化组装的各类业务数据小站也如雨后春笋般出现，如图 3-81 所示。

图 3-81 生意参谋平台面向各业务输出的业务数据小站案例

　　随着网红经济的爆发，从 2016 年开始，生意参谋还尝试布局电商以外的领域，包括与新浪微博、优酷等自媒体平台合作；推出面向微博、优酷土豆等客户的服务。网红或达人通过生意参谋，可以了解自己的内容影响力、粉丝用户画像、商家合作效果。商家也可通过生意参谋了解网红引流效果，从而更好地制定推广策略。

　　"普惠性服务便利千万级阿里生态客户，增值性服务实现数亿元营收"代表了生意参谋的产品理念和坚持。它使得生意参谋在帮助商家推进业务数据化的同时，探索出一条可行的数据业务化之路，而这背后离不开可快速复制、行之有效的产品技术架构。如图 3-82 所示，基于阿里巴巴智能大数据体系，数据组件、技术组件、业务组件等个性化、高效率地支持着生意参谋，使得生意参谋跟得上业务的发展速度，甚至在某种程度上可以提前于业务进行筹备和创新思考。

淘系零售	文娱内容	贸易B2B	零售通	国际B2C	业务数据小站
零售电商-淘系店铺 天猫超市-供应商 新零售-品牌商	淘内创作者 淘外创作者 商家版	AliExpress商家版 Lazada商家版 （规划中）	品牌商版 经销商版 小店版 （规划中）	AliExpress商家版 Lazada商家版 （规划中）	生活研究所 天猫国际 电视淘宝 农村淘宝 ……

		生意参谋 | 数据产品平台			
业务组件	流量　物流　商品　行业　财务　竞争　营销　内容　服务　消费者　品牌				
技术组件		数据采集 框架	数据服务化 开放框架	数据分析 可视化框架	多端产品 Portal框架	智能AI 诊断预测预警
数据组件		零售业务	文娱内容	贸易批发	线下零售分销	跨境国际B2C
智能大数据		淘宝天猫	文娱内容	1688	零售通	AE　Lazada　……

图 3-82　生意参谋平台的组件化思考

　　未来，生意参谋将在全渠道、全链路、个性化和智能化等方面不断探索；在电商之外的领域也会加速布局，力求实现阿里生态的业务走到哪里，数据服务就跟到哪里；进而在阿里生态之外，特别是在新零售领域的探索道路上，生意参谋作为 DT 上云产品矩阵中的一个产品，力求尽可能发挥其联动阿里生态内外的作用，将电商领域的经验和传统零售领域的独特性、复杂性结合，以期助力传统企业的数字化转型。

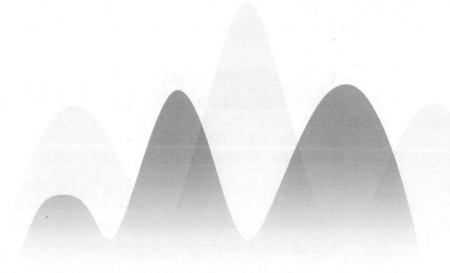

第 **4** 章

阿里巴巴云上数据中台业务模式之独特价值

阿里巴巴经过较长时间的大数据探索、量变积累，进而达成质变，形成云上数据中台，并在云上数据中台服务阿里生态业务过程中形成云上数据中台业务模式。

为何阿里巴巴云上数据中台能够支撑整个阿里生态的业务发展？为何阿里巴巴云上数据中台能够从思想意识到决策行为上引起从"数据可有可无"到"无数据不智能"的改变？这些都与云上数据中台业务模式的独特价值密不可分！

4.1 云上数据中台业务模式的独特价值

经过阿里生态内各种实战历练后，云上数据中台从业务视角而非纯技术视角出发，智能化构建数据、管理数据资产，并提供数据调用、数据监控、数据分析与数据展现等多种服务；承技术启业务，是建设智能数据和催生数据智能的引擎。在 OneData、OneEntity、OneService 三大体系特别是其方法论的指导下，云上数据中台本身的内核能力在不断积累和沉淀。在阿里巴巴，几乎所有人都知道云上数据中台的三大体系，如图 4-1 所示。OneData 致力于统一数据标准，让数据成为资产而非成本；OneEntity 致力于统一实体，让数据融通而以非孤岛存在；OneService 致力于统一数据服务，让数据复用而非复制。这三大体系不仅有方法论，还有深刻的技术沉淀和不断优化的产品沉淀，从而形成了阿里巴巴云上数据中台内核能力框架体系。

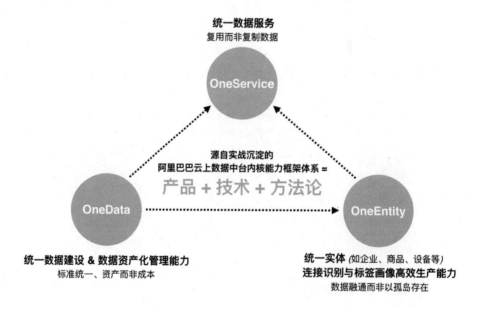

图 4-1 阿里巴巴云上数据中台的三大体系

如图 4-2 所示，云上数据中台历经阿里生态内几乎所有业务的考验，包括新零售、金融、物流、营销、旅游、健康、大文娱、社交等领域。

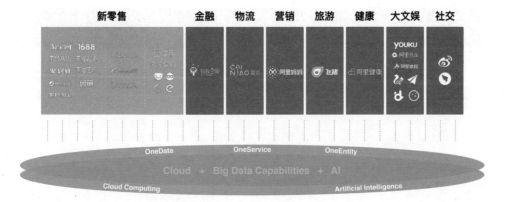

图 4-2 阿里巴巴云上数据中台及其业务模式的实战历程

在此过程中，云上数据中台除了形成自己的内核能力外，更向上与"赋能业务前台"、向下与"统一计算后台"连接并与之融为一体，形成云上数据中台业务模式。不谦虚地说，其中沉淀了阿里巴巴区别于一般视角下对于大数据能力认知的独特价值。

云上数据中台业务模式的独特价值包括云上数据中台大数据技术、云上数据中台建设方法论、云上数据中台产品化服务、业务体感、OneTeam 协同作战思维、特色大数据人六大方面，如图 4-3 所示，下文会分别详述。

云上数据中台大数据技术
与时俱进、不断求索的数据技术领域

云上数据中台建设方法论
OneData+OneEntity+OneService

云上数据中台产品化服务
IaaS+PaaS+SaaS

业务体感
业务数据化与数据业务化的数据
应用于创新的思路

OneTeam协同作战思维
阿里生态业务+数据中台+业务中台
+阿里云+合作伙伴+……

特色大数据人
数据产品经理、数据模型师、海量数据
研发工程师、数据科学家、数据可视化
设计师、大规模数据应用工程师……

图 4-3 云上数据中台业务模式的独特价值

4.2 云上数据中台大数据技术

对于云上数据中台大数据技术的沉淀，接下来会从数据例证和数据技术领域两个方面简单描述。

1. 数据例证

阿里巴巴在双十一期间所面临的业务需求和技术挑战要求智能大数据体系能驱动商业活动，辅助甚至部分引领业务快速增长。因此，我们在建设阿里巴巴数据公共层时，启动了实时数据公共层建设专项，以确保双十一当天实时计算结果与次日离线批量处理结果高度一致，甚至一模一样。图 4-4 所示为阿里巴巴大数据技术能力的数据表现。

阿里巴巴集团

EB级	亿级	秒级	百亿级
累积处理和管理数据量，≈1,000,000,000部高清电影	2016年双十一实时计算数据量/秒	2016年双十一全链路实时数据更新速度	2016年双十一数据服务调用次数

友盟+

1,400,000,000部	6,850,000家	1,350,000个	28,000,000,000条
活跃设备数	网站数	应用程序数	数据量/天

图 4-4 云上数据中台大数据技术的数据表现

如今，阿里巴巴处理的数据量已达 EB 级，相当于 10 亿部高清电影的存储量。在2016 年双十一当天，实时计算处理的数据量达到 9400 万条 / 秒，而从用户产生数据源头采集、整合并构建数据、提供数据服务，到前台展现完成仅需 2.5 秒。另外一个值得关注的数据是，当天面向业务系统提供应用服务的单日数据调用次数约百亿次。

"友盟 +"是阿里巴巴将收购的几家数据公司整合升级后组成的一家数据公司。这里仅以 2017 年"友盟 +"对外公开的部分指标为例，其中的数据覆盖 14 亿部活跃设备、685万家网站、135 万个应用程序，其日均处理约 280 亿条数据，如图 4-4 所示。如此海量的大数据必然对大数据技术能力有一定的要求，但这仅仅是阿里巴巴大数据技术能力要覆盖的数据量级的沧海一粟。

2. 数据技术领域

图 4-5 所示的为截至本书出版时阿里巴巴最新的六大数据技术领域，其中包括数据模型、智能黑盒、数据资产管理、数据可视化、数据信任和数据质量。

图 4-5 阿里巴巴最新的六大数据技术领域

前文提到，我们在建设阿里巴巴数据公共层之初规划了六大数据技术领域，即数据模型领域、存储治理领域、数据质量领域、安全权限领域、平台运维领域、研发工具领域。而在阿里巴巴数据公共层建设项目第二阶段完成后，存储治理领域已经被扩大到资源治理领域，进而升级到数据资产管理领域；安全权限领域升级到数据信任领域；因为很多工作已经在产品中实现，平台运维领域不再作为一个数据技术领域被推进；数据模型领域与数据质量领域还在持续推进中，不过增加了许多新的内涵；智能黑盒领域则是新起之秀。另外，因为数据应用于各类场景和智能化创新的诉求，所以，数据可视化成为一个重要的数据技术领域。

由此可见，数据技术领域不是一成不变的，而是随着业务的发展和技术的突破不断扩大、升华的。

各数据技术领域的职责说明如下。

（1）数据模型领域：核心职责依然是负责数据模型的建设和管理。在阿里巴巴数据公共层建设时期，该领域关注全局数据模型的设计和数据模型师的培养，而此时更关注的是，如何将数据模型师的经验转换为专家系统，解决业务的逻辑建模、物理建模，以及两者的转换与管理。

（2）智能黑盒领域：与数据模型领域的"将数据模型师的经验转换为专家系统"相呼应，智能黑盒领域致力于数据的智能化加工生产，并研究与之配套的智能计算、智能存储框架。其中，智能计算关注构建智能计算框架，以实现数据生产，并关注全局的最优执行计划和成本节约等，对数据计算全局最优负责；智能存储关注智能存储框架，以推进事前进行存储的全局最优规划和成本节约等，对数据存储全局最优负责。

（3）数据资产管理领域：以大数据的"资产"本质为驱动，从资产分析、资产治理和资产应用等多角度，致力于实现让大数据从"成本中心"走向"资产中心"，进而成为"利润中心"。

（4）数据质量领域：关注业务逻辑建模、智能黑盒、公共数据交易等环节涉及的原则、规范和解决方案等，对数据质量负责。

（5）数据信任领域：致力于互连、开放、共享，其中涉及保护数据隐私、安全等原则，以及测漏、安防、计量、定价、计费及数据上云的数据安全策略等，对数据信任关系负责。

（6）数据可视化领域：致力于将数据应用于各类场景时，面对各种需求和未知领域进行可视化探索，对数据展示效果负责。

4.3 云上数据中台建设方法论

云上数据中台是在 OneData、OneEntity、OneService 三大体系方法论的指导下，不断积累和沉淀而形成的。图 4-6 所示的是将三大体系方法论融合，真正实现 1+1+1>3。

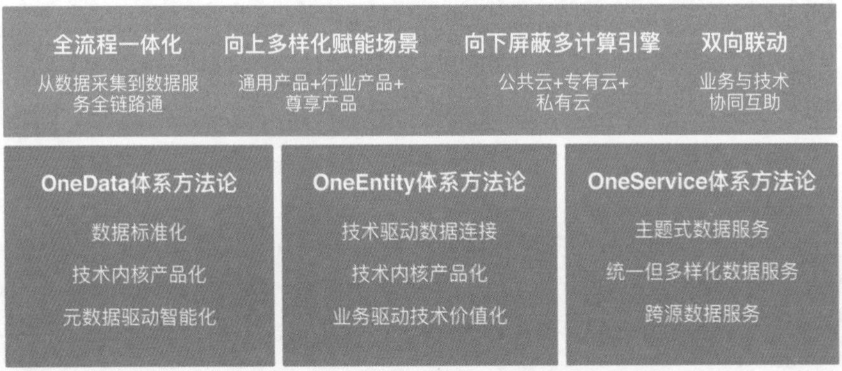

全流程一体化	向上多样化赋能场景	向下屏蔽多计算引擎	双向联动
从数据采集到数据服务全链路通	通用产品+行业产品+尊享产品	公共云+专有云+私有云	业务与技术协同互助

OneData体系方法论	OneEntity体系方法论	OneService体系方法论
数据标准化	技术驱动数据连接	主题式数据服务
技术内核产品化	技术内核产品化	统一但多样化数据服务
元数据驱动智能化	业务驱动技术价值化	跨源数据服务

图 4-6 云上数据中台建设方法论

1. 方法论全局

下面先介绍云上数据中台建设方法论体系的全局。

（1）全流程一体化：即从数据采集到数据服务实现全链路通。在产品层面，不会让用户在不同使用阶段来回切换于不同产品。

例如，用户要做实体识别、用户标签画像等，如果要依赖的数据在另外一个产品中，甚至需要使用风格迥异的产品来完成，则用户会不知所措。所以，以数据建设为例，要实现数据从采集到标准化、建模研发、实体识别、标签画像及最终面向应用的一站式服务。

（2）向上多样化赋能场景：不仅要有通用产品，还要有行业产品及专享产品。应向不同的应用场景和用户，提供差异化服务。

例如，阿里数据平台向阿里生态内小二提供数据产品时，就包括数据工具、专题分析、应用分析、数据决策这四个层次的产品和服务。再例如，面向商家提供服务的生意参谋也会提供普惠型产品服务和差异化增值产品服务，以及深入业务的业务数据小站服务等。

（3）向下屏蔽多计算引擎：不管是哪里的云计算服务，都应该尽可能是兼容甚至屏蔽的，让用户在应用时感觉简单。

在我所经历的10年大数据建设历程中，数据建设的底座依赖至少经历了Oracle—GP—Hadoop—阿里云计算平台的变化过程。很多大数据应用与创新者也一定会面临类似的变化。所以，对于产品和服务，我们希望连同生态合作伙伴一起努力实现屏蔽多种计算引擎，不管底座是阿里云公共云、阿里云专有云，还是自建的私有云，都可以在此之上构建数据并实现平滑切换。

（4）双向联动：在构建大数据及服务业务应用与创新的过程中，业务和技术是需要协同互动的，而不是一方是另一方的资源这种单向关系。

一般来说，对于业务需要技术的协同这一点，人们很容易理解，但对于技术同样也需要业务的协同这一点，人们可能就不太容易理解。例如，要对消费者进行识别、刻画、触达和服务，则需要业务部门在业务前台按照数据技术规范和标准进行布点[1]，以便采集到数据，以及需要业务人员与技术人员一起讨论刻画消费者标签的关键因素，并确定哪些标签符合业务线的价值诉求。

[1] 布点，简单来说，就是在面向用户展示的页面代码中添加一段代码，这段代码会将页面上发生的一些行为数据发送回日志服务器，从而构成一切数据建设依赖的数据源的一部分。

我们在推进阿里巴巴数据公共层建设之初，就意识到业务与技术"背靠背"、双向联动的重要性。在推进阿里巴巴数据公共层建设时，我们有两位重要的支持者：一位是阿里巴巴当时的 CCO、今天的 CEO 张勇（花名逍遥子），他给了我们几个月的缓冲时间，在此期间除维稳业务支持外没有新增需求；另一位就是今天的阿里云总裁胡晓明（花名孙权），他在技术方面给予了我们很多帮助及具体推动，因为，当时在业务上虽然有了几个月的缓冲时间，但维稳业务支持并不是停止业务支持，基本等同于"开着飞机换高能引擎"，虽然有时间和机会，但要快、狠、准。

2. OneData 体系方法论

OneData 体系方法论至少包括数据标准化、技术内核工具化、元数据驱动智能化 3 个方面。

（1）数据标准化。要从源头实施数据标准化，而非在数据研发之后，基于数据指标梳理的数据字典实施数据标准化。因为，只有每一个数据都是唯一的，数据模型才能稳定、可靠，数据服务才是靠谱、可信的。

（2）技术内核产品化。所有的规范、标准等，如果没有一个全流程的工具作为保障，则无法实现真正意义上的全链路通，因此，我们首先推进技术内核全面工具化。

（3）元数据驱动智能化。前文提到，我们正在持续努力实现数据建模后的自动化代码生成，以及保障其实现和运行的智能计算与存储框架。为什么我们能做这件事情？其中一个重要原因就是，我们在源头对每个元数据进行了规范定义，尽可能实现数据的原子化和结构化，并将其全部存在元数据中心里。这些元数据对于计算、调度、存储等意义非凡，因此有望实现从人工到半自动化，进而实现智能化。

3. OneEntity 体系方法论

OneEntity 体系方法论至少包括技术驱动数据连接、技术内核工具化、业务驱动技术价值化 3 个方面。

（1）技术驱动数据连接。OneEntity 要实现实体识别，首先依赖很强的实体识别技术，所以要用技术来驱动数据连接。

（2）技术内核产品化。产品化是目标，但不是一蹴而就的。一定要往这个方向努力，否则每一次进行标签画像（哪怕是类似的标签），都要通过人力重复做一次，这真的是一件让人非常痛苦的事情。所以，要高效地进行实体识别、用户画像，工具化是一条必由之路。当然，全部工具化是很难实现的，一定还有工具无法替代人脑的部分，所以，我们努力追求的是将人脑智慧尽可能沉淀在工具型产品中。

（3）业务驱动技术价值化。正如前文所述，将数据从孤岛变得融通，进而实现高价值，是需要业务来驱动的。在此过程中，再一次体现了业务和技术是要"背靠背""你情我愿"地进行双向联动的。

4. OneService 体系方法论

OneService 体系方法论至少包括主题式数据服务、统一但多样化的数据服务、跨源数据服务 3 个方面。

（1）主题式数据服务。举一个例子，假设用户想要看的是"会员"这个主题下的数据，至于"会员"主题背后有 1000 张物理表还是 2000 张物理表，他都不关心。而主题式数据服务要做的是，从方便用户的视角出发，从逻辑层面屏蔽这 1000 张甚至是 2000 张物理表，以逻辑模型的方式构建而非物理表方式。

（2）统一但多样化的数据服务。例如，双十一当天上百亿次的调用服务是统一的，但获取形式可以是多样化的，可以通过 API 提供自主的 SQL 查询数据服务，也可以通过API 提供在线直接调用数据服务。

（3）跨源数据服务。不管数据服务的源头在哪里，从数据服务的角度出发，都不应该将这些复杂的情况"暴露"给用户，而是尽可能地屏蔽多种异构数据源。

业务在发展，技术在迭代，方法论也必然不断升级。未来，期待有越来越多的志同道合者与我们一起在实战中沉淀、丰富云上数据中台建设方法论。

4.4　云上数据中台产品化服务

云上数据中台形成了自己独特的内核能力，更沉淀了不容小觑、区别于一般企业对大数据能力认知的独特价值。这其中，云上数据中台产品化服务是至关重要的。无论是云上数据中台大数据技术、云上数据中台建设方法论，还是业务体感，都是为了能够实现云上数据中台产品化服务输出的。而 OneTeam 协同作战思维、特色大数据人才是将技术、方法论及业务体感融入产品化服务并落地到位的有力保障。

4.4.1 云上数据中台产品化服务概览

在具体介绍云上数据中台产品化服务前，先来回顾一下云上数据中台的定位：云上数据中台定位于计算后台和业务前台之间，其内核能力是以业务视角出发，智能化构建数据、管理数据资产，并提供数据调用、数据监控、数据分析与数据展现等多种服务；承技术启业务，是建设智能数据和催生数据智能的引擎；指导云上数据中台内核能力不断积累和沉淀的正是 OneData、OneEntity、OneService 三大体系的方法论。

在阿里巴巴云上数据中台实战中，我们坚信，一切规范和标准，一切工作流程，一切优秀的技术，一切重复两次甚至更多次的劳动，都是应该并且可以沉淀到产品中的。因此，正如图 4-7 所示的，我们将云上数据中台完整的内核能力全部沉淀下来，从而提供云上数据中台产品化服务。

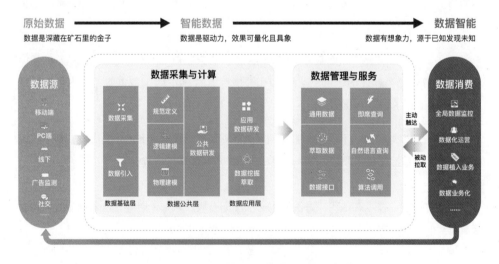

图 4-7 云上数据中台沉淀多年的产品化服务

我们将采集数据、智能化构建数据、管理数据资产并提供数据调用、监控数据、分析数据与展现数据这一过程沉淀在云上数据中台核心产品中。

这其中，最能够代表云上数据中台内核能力并且是由阿里巴巴数据中台团队倾力打造的两款主要产品是：致力于智能数据构建与管理的产品 Dataphin[1]，致力于高效数据分析与展现的产品 Quick BI。云上数据中台是建设智能数据并催生数据智能的引擎，这些产品就是帮助云上数据中台这个引擎发挥作用的利器。

[1] Dataphin 是由 Data 和 Dolphin 组合而成的，意思是让数据像海豚一样聪明机智，寓意 Dataphin 致力于构建与管理智能大数据。

4.4.2 云上数据中台核心产品 Dataphin

Dataphin 是一款 PaaS 产品，致力于一站式解决智能数据构建与管理的全链路诉求。具体来说，Dataphin 面向各行各业的大数据建设、管理及应用诉求，一站式提供从数据接入到数据消费的全链路的大数据能力，包括产品、技术和方法论等，助力客户打造智能大数据体系，以驱动创新。

智能大数据体系的建设极大地丰富和完善了阿里巴巴大数据中心，OneData、OneEntity、OneService 三大体系也渐趋成熟，并成为阿里巴巴中上至 CEO、下至一线员工共识的三大体系。2016 年 9 月，我们开始深深自省将其放大到阿里生态内建设时存在的不足之处，以及在阿里生态之外这套体系是否可以推而广之，赋能全社会呢？Dataphin 就是在这样的背景与思考之下应运而生的，它将指导解决所有与大数据体系建设有关的 OneData、OneEntity、OneService 体系方法论，及其在解决阿里巴巴数据公共层建设及后续数据体系建设中的实际问题的具体做法全部沉淀下来。

那么，Dataphin 在赋能阿里生态内外的驱动力下，到底要关注哪些痛点与核心诉求？在 Dataphin 沉淀过程中，还要考虑哪些因素？Dataphin 在解决这些问题的过程中，提供了哪些独树一帜的核心能力？如图 4-8 所示的正是 Dataphin 在沉淀过程中考虑的各种因素，以及相应的核心能力输出。

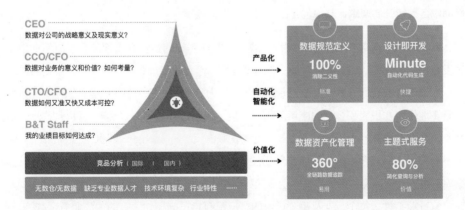

图 4-8 云上数据中台核心产品 Dataphin

Dataphin 在沉淀过程中并不闭门造车，而是一如既往地保持开放与学习的心态，不仅关注阿里生态内的问题，也关注阿里生态外客户的问题，同时关注国内、国外业界的发展趋势。我们发现，阿里生态外与阿里生态内存在相似问题，但也有自己的特殊性。

我们在阿里生态内遇到的很多痛点和诉求，阿里生态外的各行业客户也会面临，具体介绍如下。

- CEO 关心数据对公司的战略意义及现实意义：这份数据是准确的吗？早上一起床就能看到数据吗？在数据上的投入产出比是怎样的？……
- CCO/CFO 关心数据对业务的意义和价值，以及如何考量：大数据能助力全局监控，进而辅助投资决策吗？每一条业务线运营都能用同一份数据吗？大数据如何助力数据化运营并无处不在地植入业务？大数据是否会提升业务运营的效率和效果，以及如何考量？……
- CTO/CFO 关心如何让数据又准又快又成本可控：成本消耗是否在可控范围内？在技术资源上还有多少优化、提升的空间？技术人才的研发、维护投入是否有改进和提升空间？……
- 一线业务人员关心数据对自己达成业务目标的作用：我能又准又快地看数据和用数据吗？我的数据需求能否得到快速、无差异的响应？这些数据能否帮助我提升业绩，及时反映业绩的完成进度？……
- 一线技术人员关心如何既优又超前地提供服务：计算是否够快，存储是否够优？代码开发是否可以提速，线上任务是否可维护？技术是否有可能在满足业务的同时主动赋能业务？……

三百六十行，行行有特色。Dataphin 要解决的这些相似问题在触达各行业时，也必然面临各种特殊的要求，其中包含但不限于以下几点。

- 无数仓 / 无数据：很多传统行业或者企业连传统的数据仓库都没有，即使有数据，也没有较好地收集、加工和处理过。有的企业根本没有收集过数据，尚处于无数据的状态。
- 缺乏专业数据人才：很多企业以业务本身为驱动时，较少关注数据，即使关注数据，也更多地停留在报表和少量的应用层面，并且一般通过外包等方式实现，只有少数企业有专业数据人才储备。
- 技术环境复杂：因为行业差异及各企业发展阶段参差不齐，必然存在多种不同的数据库及数据仓库环境。例如，很多企业的数据技术环境是基于 Hadoop 自建的。
- 行业特性：每个行业及每个行业的客户都有自己的特性，有的关注业务全链路，有的只关注业务全链路的局部（比如零售端），有的还处于完全的线下阶段，有的已经完全走到线上，还有的处于从线下走向线上的阶段……

因此，基于以上行业情况和特殊要求，我们在规划 Dataphin 之初就明确了产品化、自动化和智能化、价值化的要求，并将这些要求全部融入 Dataphin 一站式服务中，特别是融入以下四项核心能力中（实际上 Dataphin 的核心能力并不止这四项）。

- 通过数据规范定义，追求百分之百地消除数据二义性，为业务提供标准化、靠谱的数据服务。
- 通过设计即开发，实现基于数据模型设计的分钟级自动化生成代码，降低对数据专业人才的要求，同时实现快捷数据研发。
- 通过 360° 数据资产化管理，实现全链路数据追踪，从数据建设全链路到数据应用全生命周期，追求数据易用性，以达成让数据由资产转化并生成数据价值的目的。
- 通过主题式服务实现 80%（甚至更高比例）的简化数据查询与分析，完全以业务视角提供数据服务，从而触达数据应用价值的顶端。

Dataphin 从智能数据仓库规划、数据引入，到数据主题式服务，再到闭环影响智能数据仓库规划的一站式服务，以及其中最具特色的四项核心能力，集中体现在图 4-9 所示的 Dataphin 一站式 PaaS 服务中。Dataphin 部分核心能力图示会在附录 B 中展示。

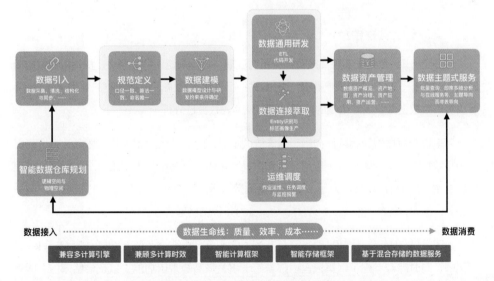

图 4-9　Dataphin 的一站式 PaaS 服务

在传统数据仓库建设中，一般都会关注数据同步、数据建模、ETL 研发及对应的数据调度运维和数据地图几个方面。

Dataphin 在继承这些传统数据仓库的能力的同时，创新性地探索结构化数据规范定义并与数据建模、ETL 研发及数据调度运维打通，增加数据连接与萃取服务，回归数据资产管理本质，拓展数据主题式服务，并推出基于又反馈于数据主题式服务的智能数据仓库规划。

在将以上传统数据仓库的能力与创新融合在一个一站式平台服务中时，Dataphin 探索智能黑盒等自动化技术甚至智能化技术，在技术上实现数据规范定义、设计及开发的同时，在业务上实现数据资产化管理和数据主题式服务，从而为大数据价值探索者赋能，助其构建智能大数据体系，以驱动创新。

Dataphin 自 2018 年 2 月在西班牙全球首次发布后，其面向社会各行业的服务已然拉开帷幕。虽然 Dataphin 在阿里生态内积累已久，但面向阿里生态外的服务则方兴未艾，多少一定会存在一些不足之处，一定还有很多地方可以不断创新与突破，也一定会有越来越多的诉求和期待。不断求真务实正是 Dataphin 破浪前行的动力！我们的信心来自 Dataphin 不是一个在实验室内想象出来的产品，而是经过阿里巴巴的 EB 级数据的提炼、压力测试和无数业务场景考验的实战成果。

4.4.3 云上数据中台核心产品 Quick BI

Quick BI，致力于实现高效数据分析与展现。具体来说，Quick BI 提供海量数据即时查询与分析、复合式报表制作及"拖曳式"可视化等功能，提高客户的数据分析效率，解决客户对数据专业人才依赖的问题，以实现"人人都是分析师"。

阿里巴巴数据中台团队面向阿里生态内的小二，提供 4 个层次的产品服务，自下而上分别是数据工具、专题分析、应用分析和数据决策服务。其中，数据工具服务是通过阿里巴巴自主研发的 BI 产品，为小二提供自助取数、多维度分析、DIY 个性化数据门户网站等服务，例如，快门、小站、孔明灯、Quick BI 等工具型产品。

如图 4-10 所示，从 2017 年 8 月开始，Quick BI 结合了原孔明灯和原 Quick BI 的优势，同时综合考虑了阿里巴巴内部若干个相关产品的常用功能，以及借鉴国内、国外竞品的特色，从开发者和最终消费者的视角同时优化用户使用体验。如今，Quick BI 已经开始服务社会各行业中的客户。

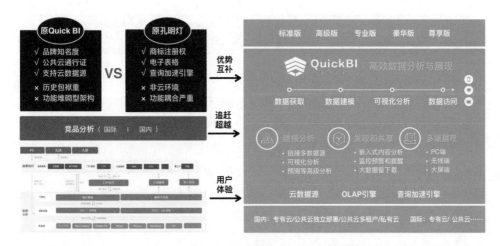

图 4-10 云上数据中台核心产品 Quick BI

那么，融合升级后的 Quick BI 具有哪些特点与核心能力呢？具体包含但不限于以下
3 种。

• 支持丰富且实用的云数据源，并且会不断扩充数据源的种类。不断迭代、升级的
OLAP 引擎与查询加速引擎，可以提供各类基于海量数据的高性能的查询分析服务。例如，
我以前在使用 BI 工具做报表时，因为数据量很大，经常在报表中刷新数据就要花 1 小时，
而现在基本可以在 10 秒之内响应上亿条数据，未来响应速度还有望进一步提高。

• 从用户体验视角出发，将 BI 流程简单化，并提供尽可能多的帮助手段（包括将开
发者端的数据获取、数据建模、可视化分析与访问者端的数据访问全链路连接），将复杂的
技术（包括建模分析能力、发现和共享能力、多端展现能力等）隐藏在背后。以可视化分
析为例，Quick BI 不仅提供炫酷的可视化组件服务，还特别提供符合中国国情的电子表
格功能，满足复杂且丰富的中国式报表需求。再以多端适配为例，无论是 PC 端、无线端，
还是大屏端，Quick BI 都支持将一份数据分析结果在多端展现。

• 一个 BI 产品提供多个版本服务（如标准版、高级版、专业版、豪华版、尊享版等），
满足不同层级、不同诉求的客户需求，让有一般需求的用户以较低成本获得服务，让有复
杂且特殊需求的用户可以得到差异化服务。

Quick BI 是在大数据构建与管理之上，直接面对业务场景，直接解决业务场景问题，
实现全局数据监控和数据化运营等业务数据化的典型场景的。未来，我们计划打通 Quick
BI 与 Dataphin，这样，在从建设智能数据到探索数据智能的过程中，至少在 BI 层面将
会为客户带来极大的便利。

4.5 业务体感

曾经，数据人被动或主动地隐藏于业务背后，被动地为业务提供数据支持。其中的弊端在前文已经详细阐述，在此不加赘述。但是，要想让数据能够显现出其"资产"的本质，能够被广泛应用于业务中，进而成为业务中不可或缺的重要组成部分，得靠谁来首先打破数据与业务之间的屏障，进而实现数据与业务之间的连接呢？让业务人员深入数据、了解数据、发现数据如何应用于业务并产生价值是不现实的，一方面是因为业务本身的定位和要求技术服务业务的惯性，另一方面是因为数据及数据技术本身的专业性。于是，无可选择地，打破的这一步动作得由数据人来发起并推进。

于是，在建设阿里巴巴数据公共层前，阿里巴巴大数据人就开始走进业务，甚至主动承担原本以业务人员为主导、数据技术人员配合的工作。在此期间，阿里巴巴大数据人不仅做好阿里巴巴数据公共层本身的建设工作，更启动了不少深入业务、了解业务以求赋能业务的子项目。例如双十一数据大屏，以及在推进阿里业务数据化的同时探索并推进阿里商家业务数据化。特别是在 2015 年双十一期间面向商家推出的"数据作战室"，其不仅首次让阿里商家和阿里小二一样享有数据大屏服务，更是阿里巴巴大数据人融于业务，实现数据与业务融合的重要探索成果。

图 4-11 所示的正是以数据大屏为例的云上数据中台提升业务体感的案例。阿里巴巴大数据人深入业务，在业务流、数据流和感官流中综合考虑阿里巴巴商业战略、数据大屏定位及受众等，让数据大屏展现出不一样的内涵，而不是单纯地追逐炫酷的外表。

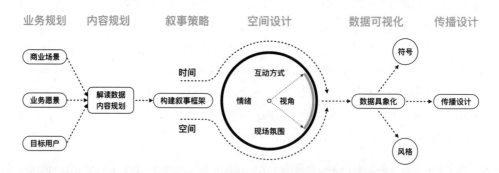

图 4-11 云上数据中台提升业务体感的案例（以数据大屏为例）

当然，随着大数据与业务成功融合的案例越来越多，以及大数据人不断增强业务体感及不懈努力地布道大数据，现在有越来越多的业务部门深入了解大数据，与大数据人一起探索出越来越多、越来越深入的大数据应用与创新。所以，多管一点儿闲事，往前多走一些"灰色地带"，"灰色地带"两端的人和事也就联动起来了。这应该也是在阿里生态中，在大数据赋能业务的典型场景中，不仅有全局数据监控、数据化运营，还会有越来越广泛的数据植入业务，将数据业务化的重要原因吧！

4.6 OneTeam 协同作战思维

云上数据中台业务模式综合了计算与存储技术层、云上数据中台内核能力层、数据赋能业务场景层。这样一个完整的大数据赋能业务的解决方案不仅面临着技术的挑战，还面临着业务的挑战，在合作中也会存在各种不和谐的因素，对任何一个环节考虑不周、做得不到位，都有失败的可能。但是我们最终成功了！我们之所以能达成目标，并不是几个人的功劳，也不是单一团队的功劳，而是因为强大的 OneTeam 协同作战思维的力量。

在阿里巴巴，从数据中台团队内部的协同，到数据中台团队团结阿里云团队、业务中台团队、友盟＋、合作伙伴，我们协同并赋能阿里生态业务，如图 4-12 所示。从开始时的互相排斥，到越来越紧密地配合，再到相互依赖，合成一股力，我们一次又一次完成了数据价值化探索！

图 4-12 OneTeam 协同作战思维

不仅要有做事的观点、方法，还要有能做成事的团队和人，要相信 OneTeam 协同作战思维的力量。哪怕在开始时会很痛苦，甚至在一段时间内会比较低效，但是只要坚持下去，必将众人拾柴火焰高！

4.7 特色大数据人

"罗马不是一日建成的"，云上数据中台也不是轻易成就的。只有匹配了健全的团队和特色人才，才能成就云上数据中台及云上数据中台业务模式。

所以，不是任何团队、任何人都有能力做成云上数据中台的，也不是具有很强的数据技术或者精通业务就能做成云上数据中台和实现云上数据中台业务模式的。云上数据中台及其业务模式的形成是一个长期探索的过程，历经数据技术发展，对数据本身的理解，将数据应用于业务等多重磨砺而成。因此，云上数据中台形成了其独有的数据人才体系，包括数据产品经理、数据模型师、智能数据研发工程师、数据智能科学家、大规模数据应用工程师、数据可视化设计师等，如图 4-13 所示。当然，在阿里巴巴大数据团队中，实际存在的岗位肯定不止这六类，各个岗位有着自己的定位而又相互交叉。

图 4-13 数据人才体系

阿里巴巴培养出的大数据人被要求在"数据技术、业务理解、数据运用、商业思考、架构规划、产品设计、项目落地、运营推广、帮助别人"等能力矩阵中至少精通 3 项。其中，对数据产品经理、数据可视化设计师、数据模型师的要求介绍如下。

- 数据产品经理：需要掌握数据及数据技术，熟悉客户并有基于数据的独到的商业理解和思考，最终以有形或无形的数据产品推进客户、数据的商业价值最大化。数据产品经理至少要同时具备业务理解、商业思考、产品设计、项目落地和产品上线前后的运营推广能力。

• 数据可视化设计师：需要具备数据交互或视觉设计能力，很强的交互体感和极致但经济的审美能力，能够深入业务从用户体验视角全局架构最终以全流程、高保真交互与视觉体验稿为交付物。数据可视化设计师至少需要同时具备业务理解、体验架构、内容规划、多要素综合设计能力。

• 数据模型师：需要具备数据及数据技术，理解业务并有全局架构、模型设计、数据研发和运维调优等能力，最终以高可用、高扩展、低成本、高效率产出数据为交付物。数据模型师至少需要同时具备业务理解、全局架构、模型设计、数据研发、运维调优能力。

阿里巴巴数据中台团队中有许多经过多年实战锻炼的大数据人，有不少人同时经历过从阿里巴巴集团电商到阿里系文娱，再到阿里生态内更广泛业务的锻炼，是独具特色的大数据人才。因此，我们非常重视人才的培养和深度锻炼。如图 4-14 所示，我们已经开始从大数据人才中特别培养全栈数据产品经理、技术经理和项目经理三类人才。

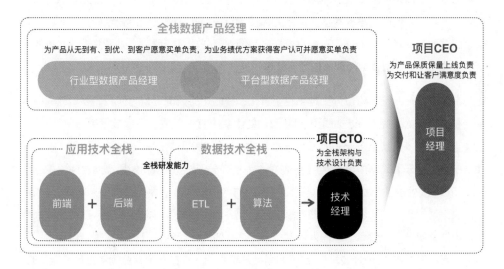

图 4-14 不断深化的数据人才计划

那么，我们到底想要培养出什么样的全栈数据产品经理、技术经理和项目经理呢？简单来说，就是为最终结果负责的人，而不只是挂名牵头却不做决定的牵头人。

• 全栈数据产品经理：能够为产品从无到有再到优最后到客户愿意买单负责，也能够让业务绩优方案获得客户认可并愿意买单。也就是说，不管是平台型数据产品经理，还是行业型数据产品经理，都要能够为一个产品或者一个业务线的全生命周期负责，并且以在两者之间游刃有余者为最佳。当前，在我所带领的团队中，就有几个同时兼备平台型数据产品经理和行业型数据产品经理能力的人才。关于数据产品经理及其在不同领域的能力矩阵，包括软性素质、硬性素质等，在我们未来计划推出的《大数据产品经理》（暂定书名）中再做分享。

- 技术经理：能够为全栈架构与应用设计负责，前提是至少要一专多能甚至多专多能，例如，具备应用技术全栈研发能力或者数据技术全栈研发能力等。当前，在我所带领的团队中，就有一批人经历过阿里巴巴数据公共层建设项目中的若干个子项目并都取得了很好的战绩，如果将一个项目或者一个产品交给这样的同学来负责，则在技术上可以让产品经理和项目经理都很放心。

- 项目经理：能够为产品保质保量发布及上线负责，能够为业务按时交付和让客户满意负责。在阿里巴巴，很少会专门设立项目经理这个岗位，曾经有过这个岗位，但越做越远离业务，所以，很多人也不愿意专职做项目经理，业务团队也不大愿意设立专职的项目经理岗位。而我们则要培养数据产品经理和技术经理具备优秀的项目管理能力，所以，如果是偏重业务或者产品的项目，则由数据产品经理兼任项目经理；如果是偏重技术挑战或者突破的项目，则由技术经理兼任项目经理。

在互联网行业整体岗位分工越来越垂直化、智能化的情况下，为何我们要培养一些具备全栈能力的人才呢？一方面是因为在我们的团队中有一些成员在大数据领域深耕多年，已经具备一专多能甚至多专多能；另一方面是因为我们需要这些成员能够在阿里生态内外独当一面，为云上数据中台及其业务模式赋能社会各界挑起重担。如果在面对阿里生态内一个新接入的业务时，没有一个具备全栈能力的人可以独当一面，在需要判断大是大非、关键决策时，还需要与若干领域的专家进行视频会议，则既浪费时间，又缺乏全局最优判断。当然，如果完全没有这样的人才储备，则这样的人才计划也只能是空想。但这也不是意味所有人都要往全栈方向发展，或者具备全栈能力的人才在各个专业领域里都是最牛的，而是要培养这样的人，在一专多能甚至多专多能的基础上，能够有全栈的思维与格局，能够挑起一条业务线或者一个行业的重担。

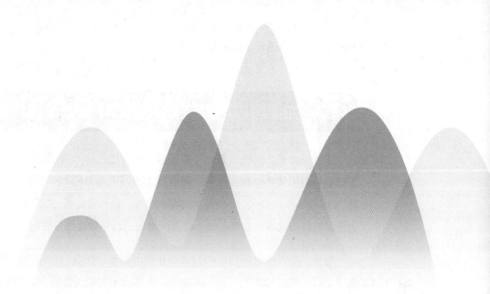

第5章

走向大数据成功之路

阿里巴巴在智能大数据体系建设与数据智能化各类应用与创新中开拓了一条成功之路。我们不愿独享这些经历，正在向社会各行业中有志于大数据战略者伸出"合作之手"。我们希望携手越来越多的各行业中有志于大数据战略者，开拓、提升大数据能力，共同在大数据探索之路上走向成功！大数据所具有的能力本应无边界，越多地参与，才越有可能真正实现无边界。

5.1 如果可以选择，你会走怎样的大数据之路

这一路走来，回顾过往，不难发现，阿里巴巴的大数据之路经历了从无序到有序再到智能的艰难但成功的转型过程。随着线上与线下业务的不断创新，以及数据技术的不断提升，我们意识到，今天，不管数据体量的大小，也不管是否已经面临业务应用的挑战和压力，大量政府部门或者企业等正处于类似阿里巴巴当年数据爆发性增长的前夜。

那么，是否所有的政府部门或者企业都需要经历我们走过的痛苦的转型过程，并在耗资巨大、不断踩"坑"之后，再建成一个强大的智能大数据体系呢？图 5-1 所示的是我们以"过来人"的身份进行的思考和给出的建议。

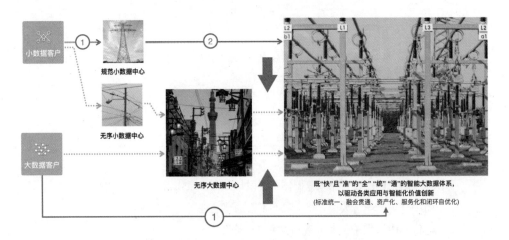

图 5-1 如果可以选择，你会走怎样的大数据之路

我曾经问过自己很多次，如果可以重来，如果有"合作之手"伸向我们，那么我会怎么选择。每一次的答案都是一样的，那就是尽可能早地借助有效力量，构建一个智能大数据体系。因为只有这样，才能将更多的时间、精力投入到无限的数据驱动各类应用与智能化价值创新中。可惜没有如果！

假设你拥有一个小数据中心，如果可以选择，那么你是任由它演变为一个无序的小数据中心，进而演变为无序的大数据中心再进行改造重建；还是从一开始就规划好、建设好一个有序的小数据中心，并推动其可持续发展为一个有序甚至智能的大数据中心？

假设你拥一个大数据中心，如果可以选择，那么你是任由它演变为一个无序的大数据中心再进行改造重建，还是从一开始就规划好并可持续发展为一个有序甚至智能的大数据中心？

这两种体量的业务及数据中心我们都经历过，幸运的是，我们找到了一条成功之路。

阿里巴巴大数据团队正在以自己亲身经历中的各种积淀向社会各行业中有志于大数据战略者伸出"合作之手"。我们希望有越来越多的行业客户愿意与我们携手共创，用更多的行业需求、更多的挑战来历练这个大数据体系背后的产品、技术和方法论。越多的剑客参与，论剑才有意义。大数据所具有的能力本应无边界，有越多的行业客户参与，才越有可能真正实现无边界。

5.2　阿里巴巴以赋能为本质的大数据战略

如果你今天需要蹚过一系列"坑"，那么你希望我直接送你一辆"坦克"，还是直接赋予你强大的踩"坑"能力？阿里巴巴大数据战略在服务阿里生态内的业务时就是以赋能为本质的。今天，我们在服务阿里生态外各行业时首要思考的、孜孜以求要做成的都是赋能。

5.2.1　基于云上数据中台业务模式的解决方案

云上数据中台本身具有很强的技术性，而其在赋能业务过程中所形成的云上数据中台业务模式更是具有技术性、产品性、业务性等综合特性。因此，阿里巴巴大数据团队在输出大数据能力时，不是简单、粗暴的产品输出，而是坚持以赋能为本质的大数据战略输出；也因此，在与零售、地产、农业、环保、传媒等行业的数个客户合作的过程中，我们尝试性地提出了如图 5-2 所示的产品 + 方案 + 服务的"三位一体"的云上赋能框架。

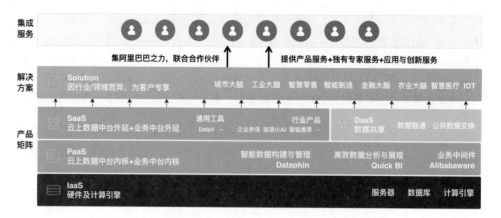

图 5-2 产品 + 方案 + 服务的"三位一体"的云上赋能框架

该云上赋能框架首先必须基于云计算技术，在此之上包括三层：产品矩阵、解决方案和集成服务，具体说明如下。

• 产品矩阵：该解决方案不同于业界一些公司提供的解决方案，而是建立在连通云上数据中台内核能力、业务中台内核能力的 PaaS 产品，以及外延 SaaS 产品的基础上的。现在，DT 概念被炒得很热，数据化转型市场竞争激烈，例如，业界就有模仿阿里云 ET 大脑推出"××大脑"的，但我们相信，云上数据中台内核能力及基于此之上的云上数据中台业务模式在一定时期内是其他人无法抄袭和不敢抄袭的。在与客户现场沟通中，我们相信，真正有志于大数据战略者会看到阿里巴巴真实的能力和真实的态度，虽然这个赋能和合作的过程一定会经历坎坷的互信过程。

• 解决方案：我们会与各行各业的客户共创及探讨，并提出能直接解决其问题、帮助其数字化转型的方案。例如对于零售行业，我们提供基于云上数据中台的智慧零售解决方案。

• 集成服务：阿里巴巴大数据团队不会为了卖产品而卖产品，随意将达成合作的项目丢给合作伙伴。集成服务是集合阿里巴巴的力量，在派驻数据产品经理和技术经理的同时，联合生态内合作伙伴的力量，共同为客户提供面向应用的创新服务及其背后强大的产品矩阵服务，并提供咨询和技术架构、方法论辅导等独有的专家服务，为客户的数字化转型效果负责。我们的目标是与客户建立长期合作，共建与共享，而非一次性交易。

这样一个产品 + 方案 + 服务的"三位一体"的云上赋能框架是当前云上数据中台在赋能探索阶段的尝试。在阿里巴巴，我们坚持"永远不变的是变化"，变则通，通则达。在实际推行中，我们会充分学习行业经验，关注行业特色及客户的差异性，不断求真务实，不断调优云上赋能框架。

在这个框架中,"解决方案"和"集成服务"负责直接定义问题、找到解决方案和实现目标。对此,我们经过一年多的思考,得出如图 5-3 所示的有望实现可持续发展的解决方案以及对应的分阶段的服务方式。

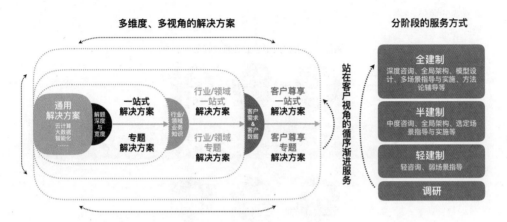

图 5-3 可持续发展的解决方案与服务方式

我们希望在此解决方案的基础上不断完善和持续推进,从而通过帮助一个客户完成数字化转型,进而联合一个行业的多个客户一起实现整个行业的数字化转型。具体实现过程介绍如下。

• 从多维度、多视角共创、实践并沉淀解决方案:我们从阿里巴巴在多业态中存在的业务问题和实际解法中,提炼出基于云计算、大数据和智能化的通用解决方案,并根据解题的深度与宽度,提炼出解决全方位问题的一站式解决方案和具体问题具体解决的专题解决方案。在面向一个行业或者一个领域时,我们结合该行业或领域的专有业务知识,提炼出行业或领域的一站式解决方案和专题解决方案;在面向一个行业或领域的具体客户需求和客户的具体数据状况时,与客户深入共创并产出客户尊享的一站式解决方案和专题解决方案。

• 站在客户视角提供循序渐进的服务:从提出解决方案到服务落地,是一个从理论到实践的过程。与客户一起为数字化转型努力也注定了我们与客户不是一次性交易,而是长期合作、共建与共享。因此,我们会根据客户的实际情况制定分阶段的服务方式,从充分调研开始,我们与客户商讨并确定 3 类服务方式,即轻建制服务、半建制服务和全建制服务。

当然，这 3 类服务方式也是要与时俱进、不断调优的。

5.2.2 阿里巴巴真正在意的和能够给予的

很多人很可能会发出一系列疑问，诸如，阿里巴巴大数据团队为什么要做这件事情呢？阿里巴巴到底能够拿出什么真枪实弹的内容？图 5-4 所示的正是阿里巴巴云上数据中台业务模式的赋能战略。

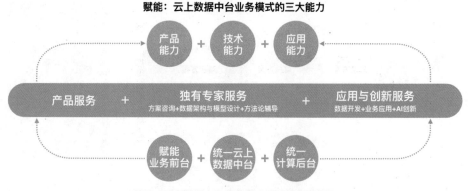

图 5-4 云上数据中台业务模式的赋能战略

阿里巴巴，特别是阿里巴巴大数据团队，吃过苦、踩过"坑"、尝过甜头。我们希望能够帮助和我们有相同经历的个人、团队或企业。我们将阿里巴巴云上数据中台内核能力及其之上的业务模式中的产品能力、技术能力、应用能力，以及我们所拥有的其他能力对外赋能。为了实实在在地赋能，我们可以给予的是云上数据中台业务模式背后的产品矩阵，包括统一计算后台、统一云上数据中台、赋能业务前台等。这些产品矩阵能很好地帮助客户实现数字化转型。我们不仅提供产品服务，还会提供阿里巴巴云上数据中台业务模式独有的专家服务，包括方案咨询、数据架构与模型设计、方法论辅导等，以及集成合作伙伴及客户自身的力量推进各类具体的应用与创新服务。

路漫漫其修远兮，吾将上下而求索！

5.2.3 循序渐进的云上数据中台业务模式

图 5-5 所示的是云上数据中台及其之上的业务模式循序渐进的推进过程。

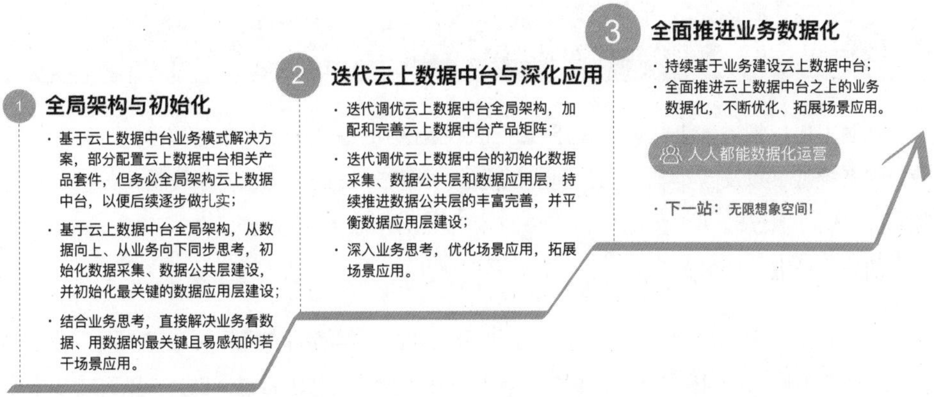

3 全面推进业务数据化
· 持续基于业务建设云上数据中台；
· 全面推进云上数据中台之上的业务数据化，不断优化、拓展场景应用。

人人都能数据化运营

· 下一站：无限想象空间！

2 迭代云上数据中台与深化应用
· 迭代调优云上数据中台全局架构，加配和完善云上数据中台产品矩阵；
· 迭代调优云上数据中台的初始化数据采集、数据公共层和数据应用层，持续推进数据公共层的丰富完善，并平衡数据应用层建设；
· 深入业务思考，优化场景应用，拓展场景应用。

1 全局架构与初始化
· 基于云上数据中台业务模式解决方案，部分配置云上数据中台相关产品套件，但务必全局架构云上数据中台，以便后续逐步做扎实；
· 基于云上数据中台全局架构，从数据向上、从业务向下同步思考，初始化数据采集、数据公共层建设，并初始化最关键的数据应用层建设；
· 结合业务思考，直接解决业务看数据、用数据的最关键且易感知的若干场景应用。

图 5-5　云上数据中台及其之上的业务模式循序渐进的推进过程

我们在推进云上数据中台业务模式时分三步走。

· 全局架构与初始化：以解决方案为总纲，部分配置云上数据中台相关产品套件，但务必全局架构云上数据中台，以便后续逐步做扎实；基于云上数据中台全局架构，从数据向上、从业务向下同步思考，初始化数据采集、数据公共层建设，并初始化最关键的数据应用层建设；从业务人员的角度思考，设想业务人员看数据、用数据的最关键且易感知的若干场景应用。

· 迭代云上数据中台与深化应用：迭代调优云上数据中台全局架构，加配和完善云上数据中台产品矩阵；迭代调优云上数据中台的初始化数据采集、数据公共层和数据应用层，持续丰富和完善数据公共层，并平衡数据应用层建设；深入业务思考，优化场景应用及拓展场景应用。

· 全面推进业务数据化：持续基于业务建设云上数据中台；全面推进云上数据中台之上的业务数据化，不断优化、拓展场景应用。

在完成这三步之后，就可以对未来展开无限的想象。

阿里巴巴云上数据中台业务模式在推进的过程中，还会与业务中台紧密配合。业务中台更侧重于"互联网＋"架构，而云上数据中台更侧重于大数据架构。两者的结合正是基于"互联网＋"与大数据架构能力的"双中台"业务创新模式。两者可以同时推进，也可以不分先后地分别推进，这与各行业中客户自身的特点、现状及战略规划等情况有关。

5.3 你的成功依赖于你的远见和执行力

在阿里巴巴推进云上数据中台建设进而赋能业务的进程中，面临着技术挑战、业务挑战、财务挑战，以及各种利害相关团队的挑战。最初，质疑声远远高于支持声，甚至出现"四面围剿"的状态。此时要想成功，就有赖于在战略上的杀伐决断、矢志不渝，以及在执行上的迭代推进、脚踏实地。

- 战略上的杀伐决断、矢志不渝：需要争取高层管理者的支持，制定自上而下的战略决策并向下影响。我们在寻求云上数据中台及其业务模式的共创者时，也会特别看重3个因素：①是否有大数据远见和有志于大数据战略；②其所在业务部门本身是否有大数据或者潜在有大数据；③是否愿意长效投资与执行大数据战略。其中，第①条和第③条都与"杀伐决断"和"矢志不渝"分不开。

- 执行上的迭代推进、脚踏实地：至少需要争取业务人员和技术人员的认同，制订自下而上的执行计划，通过业务人员能看得见的、在技术上可量化的一个个的胜利，发挥榜样的力量。正如"不积跬步，无以至千里"，这个战术执行计划必然是要迭代推进且要脚踏实地的，我们需要在此基础上获得越来越多的认同，让越来越多的人感觉到自己在参与并认识到做好这件事情所产生的价值，从而达到团结一切可以团结的力量，实现共赢。

这条大数据成功之路前景美妙，阿里巴巴也用自己的身体力行证明了前方的瑰丽，但越美好的事物越难以把握，否则就不会有先行者和追随者的差异了，更不会有成功与失败之分了。你的成功有赖于你的远见和执行力！

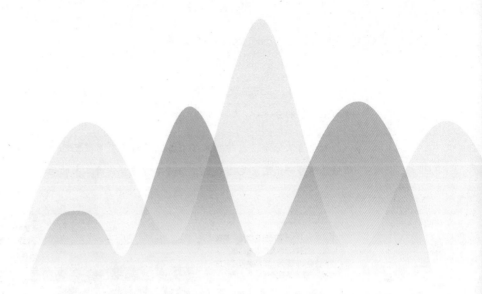

后记

一位老数据人的心路与情怀

  本书写到这里，再回顾自己十来年的积淀，我不禁激情澎湃；同时还涩涩地透出许多愧为人母的情愫，对我两岁的儿子和尚在腹中的二宝……

  在工作与家庭之间，事业与生活之间，我不愿做抉择，一直百分之百地努力以求两全其美。我很感恩，感恩阿里巴巴给予我的空间和一直陪伴在我身边的战友和好友，感恩上天赐予我一双孩儿和爱我、体谅我、心疼我的亲人！

  此时此刻，在背景音乐之下，在最适合我思绪飘飞的凌晨，我想分享一下作为一位老数据人这些年来的所思、所想、所悟，我想在书写真实心路历程的同时，多掺入一些柔情来表达我的情怀。

　　我爱分享，在阿里生态内外做过数不清的分享，最近一次给我留下深刻印象的正是在"百年阿里"中的分享。

　　对于这次分享，我特别做了准备，将自己在阿里巴巴十年来的心路历程和所思、所想、所悟总结为一张图（见图6-1），恰好非常适合作为本书的后记。

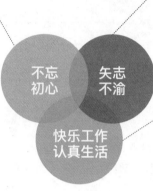

　　• **客户第一**：把客户放在眼里、装在心里，做好自己职责范围内的事，认真对待@你的事情，主动承担"灰色地带"，学会多管闲事
　　• **珍惜每一次新的挑战、每一次秀出自己的机会**：熟悉的事 vs 崭新的事；汇报、分享、培训……
　　• **诚信**：做人做事堂堂正正，不走歪门邪道，不阿谀奉承，直言有讳，会说NO，不辜负战友和信任
　　• **简单相信**：保有正能量，接人待物相信人性本善，努力体谅、原谅与包容，积极反思与总结

　　• **拥抱变化（舍&得）**：相信一切都是上天最好的安排，相信一切都是可以坚持下去不后悔的选择
　　• **协作与竞争**：在尊重他人、成就他人中达成目标；战略上藐视、战术上重视，敬畏、学习、融合思维
　　• **激情与敬业**：加班和不加班都是应该的，拿不到结果是不应该的

　　• **ding目标**：好的目标≠绝对的KPI化，定一个好的目标，盯着你的目标，超出你的目标
　　• **KPI与晋升（创新&狼性）**：过程精彩，必拿结果，3.5是你要证明的，3.75是被感觉到的；宁要壮烈的3.25，不虚度时光
　　• **为了什么**：生存—生活；责任—梦想

不忘初心　矢志不渝　快乐工作认真生活

图 6-1　一位老数据人的心路与情怀

　　那是在2018年6月13日，我从浙江大学上课结束后赶回"百年阿里"的教室，当时已经有近百位新近入职阿里巴巴的同事在等待着，这一时让我的思绪回到2009年我加入阿里巴巴从"百年阿里"开始的阿里巴巴同学[1]时代，于是，我打开了话匣子，从不忘初心到矢志不渝，再到快乐工作、认真生活……

[1] 在阿里巴巴，同事之间习惯于也乐于互称花名或者同学，"同学"正代表着阿里巴巴倡导的"共同学习进步"的文化。

1. 不忘初心

　　先来说说不忘初心。在阿里巴巴，大多数同学，尤其是老同学，在听到这个词时丝毫不会觉得肉麻或者虚无缥缈，更多的则是感同身受。

　　（1）客户第一。

　　我在阿里巴巴做过直接服务小二、商家的工作，如今更是在做赋能社会各行各业客户的事。"客户第一"的真实写照是你是否把客户放在眼里、装在心里，而不是在嘴上说着"客户第一"，做事情的导向却只是自己的业绩。正如前文分享的，从规划生意参谋之初的思考

渊源，到侠骨丹心地坚持"凡是大部分客户需要的或成本可控的，一律免费；凡是小部分客户需要的且额外增值的，一律付费服务"，这是我及我的团队一直坚守多年的一颗初心。

"客户第一"应该具体体现在每一天的工作中。例如，你是否认真做好自己职责范围内的事？是否认真对待每一件与你有关的事？为了全局胜利，为了全局胜利，是否愿意在多岗位分工、多角色配合中主动承担"灰色地带"的工作？是否能够有分寸、有尺度地学着多管一些"闲事"？事实上，很多不被关注的"闲事"，可能如同拔起萝卜的那只小老鼠一般关键，很多可能在当时看来出力不讨好的"闲事"，正是一个创新的契机，而唯一缺乏的正是你的"多管闲事"、投入进去及坚持下去。

（2）珍惜每一次新的挑战、每一次展示自己的机会。

在熟悉的事情和崭新的事情之间，你会如何选择？我加入阿里巴巴时就听到一句话："新人做老事，老人做新事。"这样做的好处是新人可以在"老事"中学习和快速成长，而老人则要肩负着在"新事"中找出机会和突破创新的可能性。但往往"新事"是很难的，容易导致不好的业绩，虽然也有可能带来非常好的业绩，而"老事"则比较保险。我很庆幸我每一次的选择。

回想一下自己是否努力于做好每一次的汇报、分享、培训？是否写好作为产品经理的每一份 PPT 或者其他文档？是否写好作为技术人员的每一行代码？是否认真于哪怕是每周都要写一次的周报？小时候，我一直被爸爸人前人后地教育着："你比不上弟弟们的聪明，你要'笨鸟先飞'，要牢记'谦虚使人进步，骄傲使人落后'。"所以，我一直都很努力。

哪怕是一次寻常的分享，与业绩、工作都无关，我也会很认真地准备；哪怕是同一件事情向多个人做多次不同的汇报，每一次我都会结合听者的背景和关注点等调整内容、汇报重点及优先级，而且每一次的汇报 PPT 一定不会假手于人，都是在自己的独特理解与思考的基础上形成的；哪怕是同一个主题的培训，受众一定会有所不同，我都会提前了解受众、融入受众及其背后的特殊诉求；哪怕是在身体笨重、体力匮乏的情况下，我也坚持站立、注视听众并用眼神与之交流。

世界上怕就怕"认真"二字，功夫终究不负有心人，这些年，我积累了很多手稿、PPT 等资料。

（3）诚信。

诚信是阿里巴巴的"六脉神剑"价值观之一。在工作及生活中，我们一定会遇到一些挑战或者挫折，甚至大起大落，但无论何时，做人、做事都要堂堂正正，不走歪门邪道，不阿谀奉承，不能因为一时的不顺或者一己私欲而走捷径，正如我喜欢的徐悲鸿的那句座右铭："人不可有傲气，但不可无傲骨。"阿里巴巴对员工的工作作风看得很重，有专门的团队负责并定期通告相关事件，一些惨痛的教训也在警醒着每一位阿里的同学。

坚持诚信就意味着有什么就直接说什么吗？就意味着没有判断地做好人吗？在阿里巴巴，我们常说要直言有讳，就是有不同的意见或者建议一定要说出来，但要注意方式和方法，要以对方能接受的方式；同时要学会说"NO"，不能盲目地做老好人，对别人要求你做的事情，比如对需求方提出的需求，要有判断地接受或拒绝，又比如处理在合作中因不恰当承诺而带来的后遗症等，一定要有理、有据、有节。只有这样，当你主导一件事情的时候，或者负责一条业务线的时候，才能够不辜负战友的信任，才能够让战友愿意跟你一起冲锋。

（4）简单相信。

我刚开始参加工作的时候，非常单纯，单纯地觉得工作与读书没有什么两样。不会有扯皮，不会有摩擦，不会有打架，不会有己所不欲反施于人，只要做好自己的事情就好了。但事实上一定不是这样的，不管你在哪里都是如此，社会原本就是复杂的。

阿里巴巴教会了我无论身处顺境还是逆境，都要保有正能量，因为正能量会让你在失望甚至绝望中看到希望；以及如何保有正能量，那就是无论何时何地，都要将心比心，在待人接物时要相信人性本善，努力给予在当时你觉得深深伤害了你的人和事以原谅与包容，积极反思自己有哪些地方还可以改进，以头顶上的"第三只眼睛"观察自己的处理方式并总结。我硕士一毕业就加入了阿里巴巴，10年的历程，其中有很多酸甜苦辣、人情冷暖，也有悲痛绝望的时候。坦白地说，2016年我刚休完产假回归的时候，正是我这十来年第二悲伤难过的时光。单就睡眠而言，连续数月每天睡眠断断续续、累计不过四五个小时，原本让我非常有信心的好皮肤也一度让自己都不忍直视。但我要保有正能量，相信一切都会好起来的，哪怕事实上有一定出入，也会因为简单相信而精神饱满。

2. 矢志不渝

另外，我想分享的是与不忘初心连体共生的矢志不渝。"有志者立长志，无知者常立志"，正如同挖井，与其挖一坑换一地，不如坚持挖下去，下一次挥着铁锹下去时可能就触达泉眼了。

（1）在舍与得的取舍之间拥抱变化。

十年间，我在阿里巴巴经历了三次重要的抉择。第一次是在 2011 年选择是暂时去另一个团队做好已经推进了两年的个性化推荐产品，还是留在自己一直所在的数据团队；第二次是在 2012 年选择是只做好生意参谋产品，还是同时规划并推进 OneData 体系及阿里巴巴数据公共层建设；第三次是在 2016 年选择是在生意参谋团队中轻松度日还是放下一切从零开始。这三次的取舍对我来说都是从轻松到紧张、从"活"得不错到随时可能会"死"，而且一次比一次挑战更大，当然机会也更大，我所要面临的则是体力、脑力和心力的三重考验。

让我非常开心的是，最终我与我的战友一起在"九死"中追得"一生"。回头看看，当初那些困难最多也就是上天派来磨砺我们的。我们将这一路走来的历程总结成一句心灵鸡汤："相信一切都是上天最好的安排，相信一切都是可以坚持下去不后悔的选择。"

（2）重视协作的同时不忘竞争。

一根筷子很容易被掰断，那么两根筷子呢？十根筷子呢？一百根筷子呢？这是一个我们小时候就熟悉的实验。在阿里巴巴，到处都存在着协作，一个项目的不同角色之间，一个部门的不同岗位之间，一条业务线的不同职能之间……而我们是如何在尊重他人、成就他人中达成目标的呢？记得我在以 PD 和 PM 的角色来规划和推进阿里巴巴数据公共层建设项目时，十余个子项目的 PM 及关键技术负责人在次年项目取得全局胜利时都晋升了，虽然我并没有因此晋升；在我所带过的生意参谋团队中，我的直接下属如今都已能够独当一面。我很确定的是，这其中他们自身的努力非常重要，我只是起一个带头大哥和导师的作用。但我清楚地记得，在这个过程中，我有多少个日夜为如何将一个又一个同学放在尽可能适合他的位置上而辗转反侧，我发自肺腑地尊重他们每一个人，爱惜他们每一个人，希望他们每一个人得到应有的成长，我也因此背负着一些"骂名"，但相对于我得到的守望相助、不离不弃的战友来说，这一切，都值得！

在重视协作的同时可不能忘记竞争。逆水行舟，不进则退，无论是团队成员之间、团队之间、公司之间，还是国家之间，都没有永久的和谐，良性竞争反而有利于共同进步，竞争也是一个人、一个团队、一家公司乃至一个国家所必需的。未雨绸缪，才不至于在大雨倾盆时措手不及。所以，在阿里巴巴的这些年里，我一直有很强的危机意识，时刻想着怎么才能有所突破，而不愿意一味守成。虽然要有竞争意识，但是也不必弄得自己和团队每天紧张兮兮的，更没必要因为胆怯、少思而裹步不前。我认为，一方面要坚持在战略上藐视对手，在战术上重视对手；另一方面要怀有一颗敬畏、学习、融会贯通的心。

（3）激情与敬业。

很多人对互联网公司的印象可能是经常加班。阿里巴巴对员工的绩效考核包括业绩和价值观两部分。其中，在激情和敬业这两个价值观中，时常有一些刚加入阿里巴巴的同学会陷入一个误区："我天天加班，你看我多有激情、多敬业啊！"我完全不否定加班中体现出来的努力。我自加入阿里巴巴以来，平均都是22点以后下班，一周工作6天，其中不乏通宵达旦；我先生与我同为阿里巴巴的职工，在这方面丝毫不逊于我；在阿里巴巴，层级越高的高管，越是加班的楷模。但正如在阿里巴巴中流行的一句土话："加班和不加班都是应该的，拿不到结果是不应该的。"我很认同这句话，把工作看作自己的事情，正如生活是自己的事情一般，你会平添很多激情，敬业也就是自然而然的了，你会有更多种方法提高效率，你可以在单位时间内做成更多优质的事情，你会在工作中享受到除工资、年终奖、股票期权之外的很多乐趣。

3. 快乐工作、认真生活

最后，我想分享的是对于"快乐工作、认真生活"的几点感悟，以及如何在看似矛盾、冲突的快乐工作与认真生活之间寻求平衡。

（1）ding 目标。

这里特别使用拼音 ding，想要表达的是要定一个好的目标，盯着你的目标，超出你的目标。不过，好的目标≠绝对的 KPI[1] 化，好的目标是根据业务方向制定的，为业务方向服务的，随时可以矫正我们在业务方向落地中的行驶轨道。例如，我们现在在做的是用大数据能力赋能社会各界各行各业的大事情，如果只关注营收多少，就会越走越脱离赋能的方向；但如果特别关注其中技术的进步、产品的完善和为客户带来的可度量的价值与不可估量的远景，那么我们就会渐渐走上赋能的正轨。

（2）是狼性地追逐创新，还是只在意 KPI 与晋升。

如同前面分享的，我在阿里巴巴这些年的历程及其中的选择，几乎都是不可能去特别考虑 KPI 与晋升的，虽然有可能跨越艰难险阻取得成功，拿到意味着有不错的物质回报的

[1] 阿里巴巴用 KPI 来考核员工绩效，3.75、3.5 和 3.25 是其中从高到低排序的 3 个绩效档次，占比分别是30%、60% 和 10%。

3.75，但还有一种可能就是"壮烈牺牲"了，得到 3.25 也是不可避免的。如果一定要计算，那么拼出 3 个 3.75 和"壮烈牺牲"了 1 次得到 1 个 3.25，相比于一直是平平庸庸的 3.5，你怎么选择呢？

就我而言，我很享受工作的过程，喜欢在这个过程中一群有情有义的人在一起头脑风暴、争相表达、主动承担、铆足干劲的精彩，更享受于拿到漂亮的结果，特别是那些在一般人看来十之八九会"死"的事情，我们成功了！所以，我坚持，3.5 是你要证明出来的，3.75 是能被感觉到的、而不是你自以为是的，我宁愿要壮烈的 3.25，也不愿意虚度时光，人生有几何呢？！

（3）"我"究竟为了什么，是为了生存，还是为了生活？是为了责任，还是为了梦想？

这里，我想要分享的是如何在看似矛盾、冲突的快乐工作与认真生活之间寻求平衡。人的需求分为不同的层次，在不同的阶段，人的需求是不同的。工作和生活就像是孪生兄弟，小时候形影不离、相像且依赖，但随着年龄的增长，会越来越有自己的个性。

我刚开始工作时，还没有家庭和孩子。那时的我，工作非常努力，一方面是希望可以改善自己和家人的生活，另一方面则是希望证明自己。随着时光的流转，生活变好了，生存不再是问题；有了家庭后，我更多地是考虑生活的品质。在工作中不管困难和挑战如何，我不再惧怕，反而多了几分从容，于是有信心可以挑起责任的重担，并且更多地开始思考自己及团队要去追逐一些梦想。

对于工作，激情不减，对于家人，愧疚日增，怎么办？

于是，我在平时的工作中更加努力，以期在周末可以多一些时间陪伴孩子，能够为家人做上一顿可口的饭菜。我开始使劲挤出时间去深造，开始给自己在事业中的梦想追逐倒计时，以期将来可以有充分的时间和精力陪伴孩子读书，而不至于沦为精神空虚的家庭主妇。

现在的我，虽然每一天睁开眼睛都会面临很多难题、很多挑战，但我觉得很满足：工作奔跑在梦想的道路上，生活漫步于细水长流中，又有战友和好友，人生足矣！所以，人生是可以规划的，工作与生活是可以平衡的，只要你懂得取舍，只要你足够努力，只要你孜孜不倦……

以上是以我作为一位老阿里人、老数据人基于自己的所历、所思、所想、所悟所做的分享。那一天（2018 年 6 月 13 日），我撑着笨重的身体分享了近 3 个小时，其间不时被掌声中断。

分享结束后，当我要离开时，好多同学追着我问问题，直到我离开了教室，同学们依然掌声不断、目光相送，那一刻，我觉得这么多年，真是很值得，请允许我骄傲一会儿吧……

阿里巴巴就是这么一家奇特的公司。在这里，你尽情地抒发会得到真诚的认同，更重要的是，这些认同来自感同身受！正是这样一群有情、有义、有担当、有梦想又有极强战斗力的人，共同缔造了今天的阿里巴巴；今天，这群人还在大胆地想象着如何帮助世界更加美好，而我们大数据人也已经走在这条充满荆棘且崎岖的道路上。

作为一名老数据人，希望我的分享能帮助读者更多地了解阿里巴巴，了解阿里巴巴的大数据能力和大数据人。我相信，一切美好，都开始得刚刚好！未来，愿与你携手共进，永不停歇地奋斗，正因为乐在于志！

附录 A

云上数据中台演进格局选图

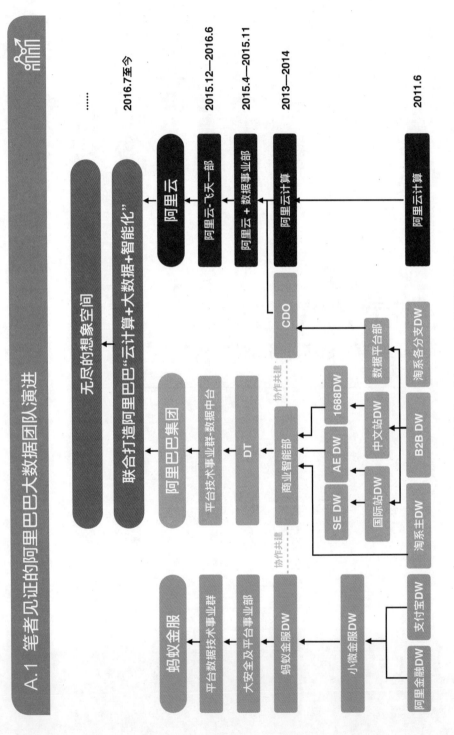

图 A-1 笔者见证的阿里巴巴大数据团队演进

A.2　一张图说尽云上数据中台顶层设计演进

云上数据中台顶层设计演进

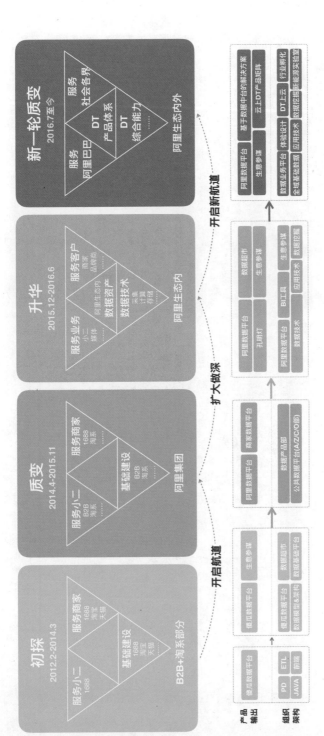

图 A-2　图说阿里巴巴云上数据中台顶层设计演进

A.3 阿里巴巴云上数据中台的成长历程

云上数据中台成长历程中的战略背景

图 A-3 图说阿里巴巴云上数据中台成长历程（一）

图 A-4 图说阿里巴巴云上数据中台成长历程（二）

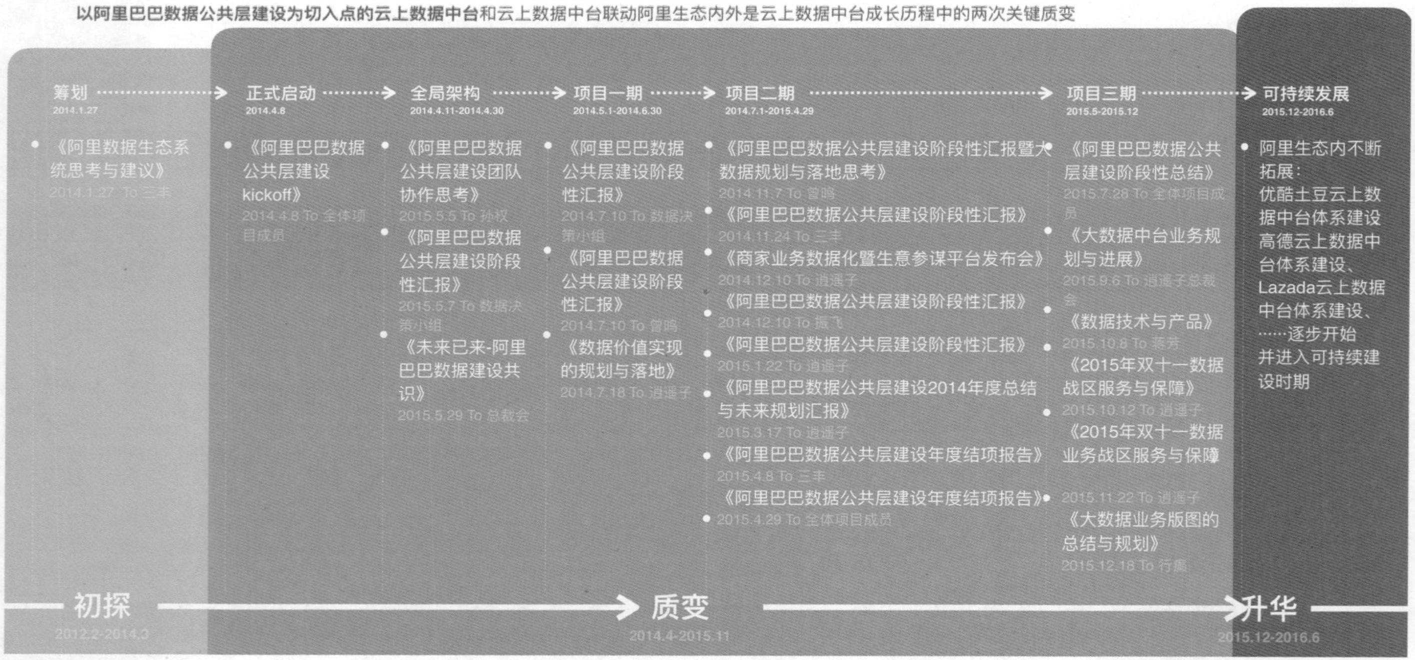

以阿里巴巴数据公共层建设为切入点的云上数据中台和云上数据中台联动阿里生态内外是云上数据中台成长历程中的两次关键质变

筹划 2014.1.27
- 《阿里数据生态系统思考与建议》2014.1.27 To 全三哥

正式启动 2014.4.8
- 《阿里巴巴数据公共层建设kickoff》2014.4.8 To 全体项目成员

全局架构 2014.4.11-2014.4.30
- 《阿里巴巴数据公共层建设团队协作思考》2014.4.8 To 小X
- 《阿里巴巴数据公共层建设阶段性汇报》2015.5.7 To 老道系列第X期
- 《未来已来-阿里巴巴数据建设共识》2015.5.29 To 总裁会

项目一期 2014.5-2014.6.30
- 《阿里巴巴数据公共层建设阶段性汇报》2015.5.5 To 刘建决系列第X期
- 《阿里巴巴数据公共层建设阶段性汇报》2014.7.10 To 老道系列第X期
- 《数据价值实现的规划与落地》2014.7.18 To 当湿于

项目二期 2014.7.1-2015.4.29
- 《阿里巴巴数据公共层建设阶段性汇报暨大数据规划与落地思考》2014.11.7 To 当湿于
- 《阿里巴巴数据公共层建设阶段性汇报》2014.11.24 To 三哥
- 《商家业务数据化暨参谋平台发布会》2014.12.10 To 当湿于
- 《阿里巴巴数据公共层建设阶段性汇报》2014.12.10 To 海X
- 《阿里巴巴数据公共层建设2014年度总结与未来规划汇报》2015.1.22 To 当湿于
- 《阿里巴巴数据公共层建设阶段性汇报》2015.3.17 To 当湿于
- 《阿里巴巴数据公共层建设年度结项报告》2015.4.8 To 三哥
- 《阿里巴巴数据公共层建设年度结项报告》2015.4.29 To 当湿于

项目三期 2014.5-2015.12
- 《阿里巴巴数据公共层建设阶段性总结》2015.7.26 To 全体项目成员
- 《大数据中台业务规划与进展》2015.9.8 To 陆逸于总裁
- 《数据技术与产品》2015.10.8 To 老X
- 《2015年双十一数据战区服务与保障》2015.10.12 To 当湿于
- 《2015年双十一数据业务战区服务与保障》2015.11.22 To 当湿于
- 《大数据业务版图的总结与规划》2015.12.18 To 行癫

可持续发展 2015.12-2016.6
- 阿里生态内不断拓展：优酷土豆云上数据中台体系建设、高德云上数据中台建设、Lazada云上数据中台体系建设……逐步开始并进入可持续建设时期

初探 2012.2-2014.3

质变 2014.4-2015.11

升华 2015.12-2016.6

图 A-5 图说阿里巴巴云上数据中台成长历程（三）

以阿里巴巴数据公共层建设为切入点的云上数据中台联动阿里生态内和云上数据中台成长历程中的两次内关键质变

筹划
2016.7-2017.6

- 《大数据创新思考暨One系列设想》
  - 2016.11.1 To 内
- 新能源新行业团队成立，12名梦想使者，致力于DT上云
  - 2016.12.26 新能源天团KICKOFF
- 《云上智能大数据解决方案发展建议与团队协作的建议》
  - 2017.6.8 To 内部

正式启动
2017.7.19

- 新能源新行业团队成立并KICKOFF，阿里巴巴数据中台团队与阿里云飞天一部拥抱、确立数据中台产品矩阵上云和孵化新行业为双目标驱动。
  - 2014.7.19 To 新能源新行业半年团队成员

两手都要抓、两手都要硬之行业赋能
2017.8-2018.6

- 云上数据中台模式解决方案将某球球水行业龙头客户认可并开始交付架构与实施工作，这是云上数据中台业务模式解决方案的首次实际落地义客户
  - 2014.8 某球某行业务某首次探索
- 云上数据中台模式解决方案中标某出版发行业某客户大数据平台及产品项目，这是云上数据中台业务模式解决方案的首个签约客户
  - 2017.9 某球某行业某案例
- 北京云栖大会，云上数据中台业务模式解决方案首次对外发布，获行业认可
  - 2017.12 数据中台模式对外发布
- 基于数据中台的零售、环保、农业、能源、运营商、地产、汽车等行业领域、调整方向，聚焦并做深新零售，3个月左右时间内随续签约酒店餐饮、品牌制造商、零售商等行业标杆客户
  - 2018.3-2018.6 聚焦某某数字化转型

两手都要抓、两手都要硬之产品上云
2017.8-2018.6

- Quick BI和孔明灯抛开技术、产品、位置的边界限制实现全面融合，并快速接入专有云，迈出了全新Quick BI上云的坚实一步
  - 2017.8.2 Quick BI产品融合后首发
- Quick BI独立部署某产险某行业客户，这是Quick BI首个实质意义的独立部署客户，同时，Quick BI泛成国际化输出能力储备
  - 2017.11 Quick BI输出
- Dataphin百折不挠拿到上云通行证
  - 2017.11 Dataphin上云之路
- Quick BI签约某一家某行业客户，这是Quick BI业务首个独立部署签约的客户
  - 2017.12 Quick BI输出
- Dataphin作为阿里云核心产品之一，在西班牙巴塞罗那2018MWC全球首发，从此跃然全球视野
  - 2018.2 Dataphin全球首发
- Dataphin连续签约零售三大标杆客户，并在多种云环境下部署成功
  - 2018.5-2018.6 Dataphin输出

重定向赛道
2018.7-未来

- 关于在"两手都要抓、两手都要硬"中重定向大数据产品矩阵主赛道
  - 2018.7-2018.8罗想战友战略与技术讨论会
- 《数据中台全局思考与模式全局模式行动计划》To JMX
  - 2018.8 To JMX
- 《数据中台业务模式全局思考与行动计划》To 行薰
  - 2018.9 To 行薰

新一轮质变
2016.7-今

图 A-6　图说阿里巴巴云上数据中台成长历程（四）

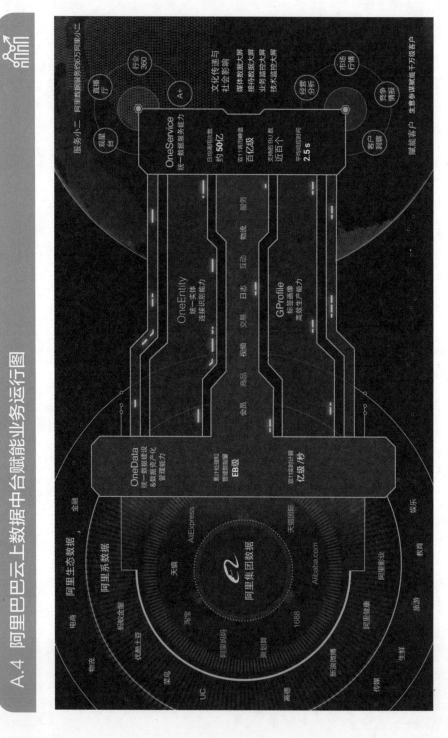

图 A-7 阿里巴巴云上数据中台赋能业务运行图

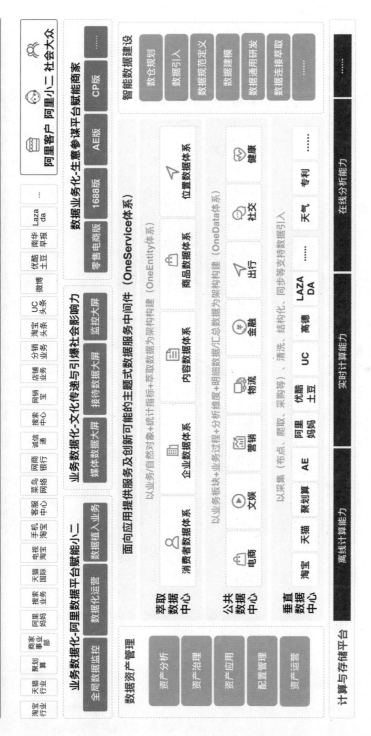

图 A-8　阿里巴巴云上数据中台赋能业务全景图

附录 B

云上数据中台核心产品选图

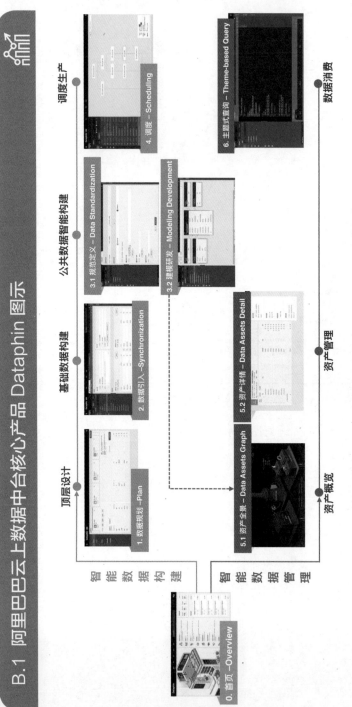

图 B-1 阿里巴巴云上数据中台核心产品 Dataphin——全景概览

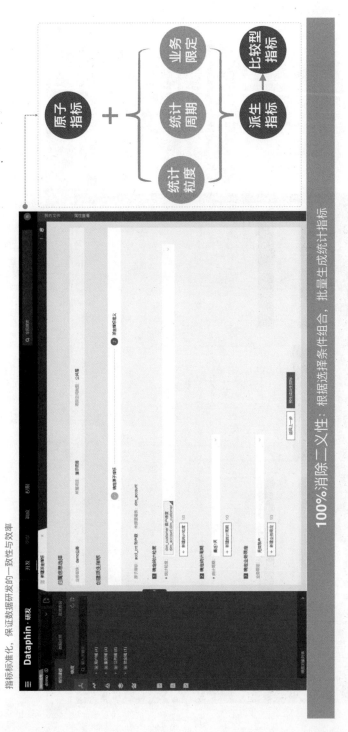

指标标准化，保证数据研发的一致性与效率

100%消除二义性：根据选择条件组合，批量生成统计指标

图 B-2 阿里巴巴云上数据中台核心产品 Dataphin 精选图示——数据规范定义

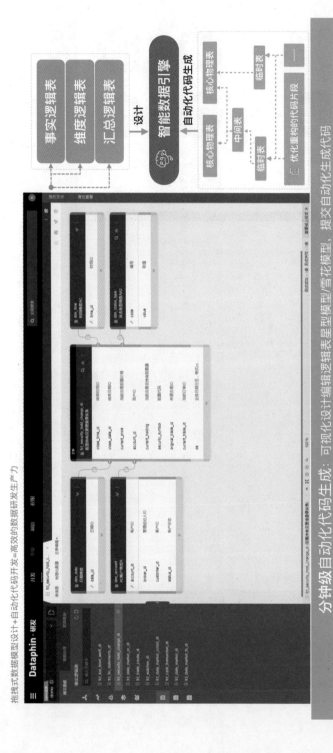

图 B-3 阿里巴巴云上数据中台核心产品 Dataphin 精选图示——捷装研发

数据需要资产化管理，而非当做成本

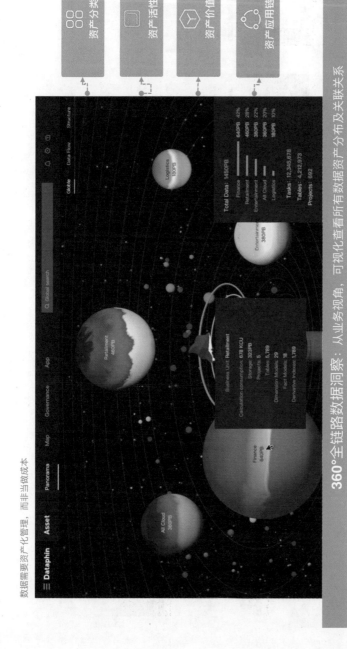

360°全链路数据洞察：从业务视角，可视化查看所有数据资产分布及关联关系

图 B-4　阿里巴巴云上数据中台核心产品 Dataphin 精选图示——资产全景

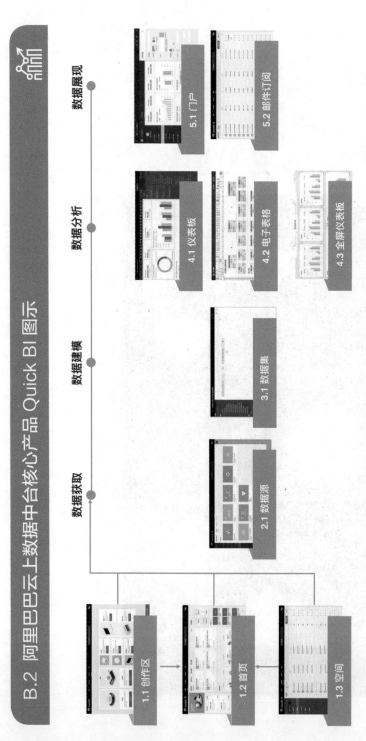

图 B-5 阿里巴巴云上数据中台核心产品 Quick BI——全景概览

图 B-6 阿里巴巴云上数据中台核心产品 Quick BI 精选图示——创作区

满足角色多角色需求

降低新手学习成本

提升产品流程认知

相关文件高效定位

工作空间
空间角色透出
目的性工作空间进入
可申请加入更多空间

创作流程
· 突出产品功能流程及功能间关系，让新用户快速了解流程→体验功能
· 老用户快速通过流程进入相关模块
· 带有创建需求的用户可以通过开始创作进入创作区快速创建

我的相关
· 最近相关/与我共享/我的收藏/我的创建等文件，方便查找
· 卡片化设计语言，将文件类型/工作空间信息收起，同时可进行快捷操作

报表案例
基于行业解决方案与行业分析方法，沉淀行业报表模板

快速入门
新视频、文案等帮助新手快速学习并使用产品

图 B-7 阿里巴巴云上数据中台核心产品 Quick BI 精选图示——首页

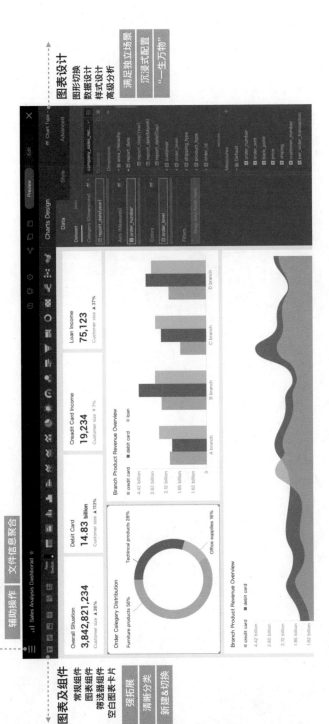

图 B-8　阿里巴巴云上数据中台核心产品 Quick BI 精选图示——仪表板

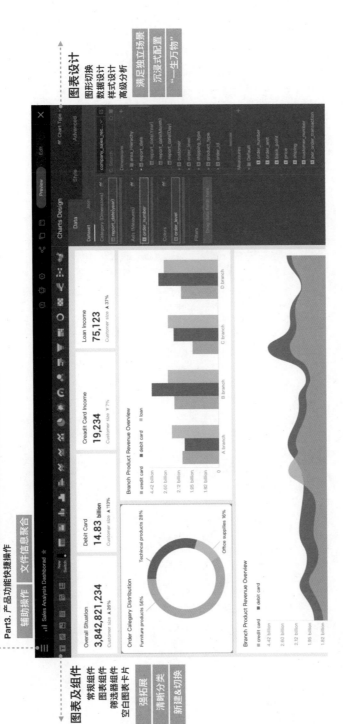

图 B-8　阿里巴巴云上数据中台核心产品 Quick BI 精选图示——仪表板

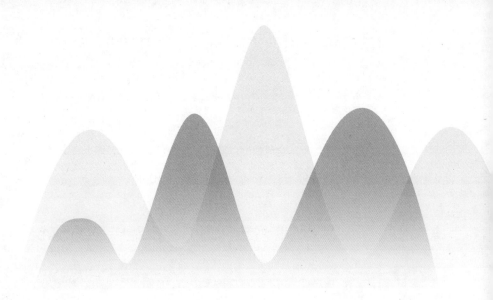

附录C

插图索引